# 萬物的終結

## 宇宙毀滅的5種方式

# THE END OF EVERYTHING

(ASTROPHYSICALLY SPEAKING)

KATIE MACK

凱蒂・麥克 ——著　蔡丹婷 ——譯

獻給我的母親，感謝您從最初一直都在

作者要感謝 Alfred P. Sloan Foundation Public Understanding of Science 計畫，對本書研究和寫作的慷慨支持。

# 探索萬物的終結

季路問事鬼神。子曰：「未能事人，焉能事鬼？」敢問死。曰：「未知生，焉知死？」當中的季路就是子路，子路個性直來直往，是個血性漢子，有一次問孔子如何侍奉鬼神，孔子直說，侍奉人都不能，豈談鬼神。鬼神與死相干，子路就接著問何為死，孔子依著相同的因果邏輯思維反問，生都搞不清，怎能搞清死亡。

死亡是一種終結，英國經濟學家凱因斯曾說：「說到底，我們所有人都會死。」這是無法避免的事，不論是公侯將相，還是販夫走卒，都是一樣。不同的宗教對生死有不同的詮釋，佛家講的是輪迴，基督教講的是末日，這些都是讓世間的人們能夠淡然，或者接受現世的磨難，雖說一切苦難和不如意無法避免，但期待有美好的下一世，或者在末日的時候，獲得上帝的救贖而解脫。

未知生焉知死，西方哲學家也是從宇宙萬物的起源開始說起，西元前 600 年左右的泰利斯說水是萬物之源，阿那克西米尼則把風或空氣看作是原始物質，赫拉克利特認為宇宙是一團活火，恩培多克勒主張萬物是由土、氣、火、水四種元素構成，中國自古談的是金、木、水、火、土，這都是素樸直觀的說法。對於萬物起源的科學發展，要到 19 世紀化學周期表的完備，以及 20 世紀物理的原子論，才有清楚的認識。至於宇宙的生，得靠天文學家的精密觀測和愛因斯坦的廣義相對論（1915 年），才能一探宇宙的初始。現今瞭解的宇宙起始於 137.87±0.2 億年（2018 年卜朗克太空望遠鏡資料），我們現在稱大霹靂。在沒有時間、沒有空間的狀態下，突然的大霹靂，產生了時間和空間，我們看到的遠方天體，都隨著空間的膨脹而離我們越來越遠，這後續的發展到現今模樣，本書的第二章〈從大霹靂到現在〉有精彩說明。

莊子曾說：「吾生也有涯，而知也無涯。以有涯隨無涯，殆已！已而為知者，殆而已矣！」因此朝菌不知晦朔，蟪蛄不知春秋，人的一生少逾百年，最早文字當數三千五百年前蘇美人的楔形文字，相較宇宙的 138 億年，豈不與朝菌蟪蛄無異。更何況在短短歲月汲汲追求宇宙起源，只會更加疲累不堪。但我們人類憑藉著科學理論，加上天文觀測的證據，不僅有涯隨無涯，更有甚者，說出了宇宙至今的演化大要，還可以進一步探討宇宙的終結！這是莊子無法想像的境界。

我們離宇宙的終結更是遙遠，先從近的開始，我們的太陽大約只剩 50 億年的壽命，在太陽快用盡發光的能量來源前，會先經過紅巨星的階段，體積膨脹，當擴張到地球時，地球將會被太陽吞噬，進入高溫的煉獄，沒有生物能存活下來。這只是我們地球的終結。說到萬物的終結，就得知道宇宙未來的演化。20 世紀發展的廣義相對論以及天文觀測顯示，宇宙要不是持續膨脹，或是膨脹到後來，進入塌縮的階段，從這些過程，本書作者列出了萬物終結的五種可能：大崩墜、熱寂、大撕裂、真空衰變和大反彈。

宇宙的持續演化都照著科學腳本，如果一開始宇宙膨脹的速度不夠，就會像我們原地向上拋球，上升的球速越來越慢，最終停止上升，重新落回地表，這是大崩墜的概樣。但如果宇宙一開始膨脹速度夠快，物質之間的萬有引力無法造成大崩墜，這時宇宙就無止境的不斷膨脹，在漫長無止境的歲月，所有的恆星終將如太陽一樣用盡燃料，這時宇宙黑夜降臨，根據熱力學第二定律，整個宇宙達到最大熵值，進入熱寂狀態。

20 世紀末，兩個獨立研究團隊分別觀察到宇宙暗能量的證據，顯示宇宙加速膨脹。這就像是向上拋球，球裝了引擎，一直加速向上飛去。現如今宇宙就像裝了暗能量引擎，不斷加速膨脹。但科學家不清楚暗能量是為何物？暗能量會讓星系和星系之間的空間拉開，甚至原子和原子也被拉開，拉大的程度是越來越厲害，整個宇宙最後被無情地撕裂開來。

廣垠的宇宙也受到量子的掌控，粒子物理學標準模型的考量會帶來量子的真空衰變，粒子高速碰撞後，有可能「在你身邊創造出一個量子死亡泡，引發無法想像的毀滅過程，撕裂空間直到永遠」。再更純物理理論的想像，「早期宇宙被兩個相鄰三維膜的劇烈碰撞所加熱，其中一個膜包含後來成為整個宇宙的物質」。碰撞後的兩個膜相互遠離，這兩個膜有可能會碰在一起。這樣不斷地遠離、重逢，再反彈，「一個膜世界火劫宇宙就是一連串永無休止、毀天滅地的宇宙級鼓掌」。

曾有一齣連續劇的大反派對著男主角說：人死了，就什麼都沒了！宇宙萬物也是一樣，五種終結方式令人沮喪，充滿著悲觀的未來，但科學家仍以有涯隨無涯的精神，不斷發展新的理論理解宇宙，不斷用最新的觀測工具看清宇宙，探求宇宙的真相，這些都可以在本書裡學到，不可錯過。

曾耀寰（中研院天文所研究技師、科學月刊總編輯）

# 目次

# 宇宙緒論

有人說世界會終結於火，
有人說會終結於冰。
因我體驗過欲望的威力，
故贊同終結於火的說法。
但假若世界得毀滅兩次，
我想以我對仇恨的體悟
足以說冰的破壞力
不僅同樣可觀
且不遑多讓。

——佛洛斯特（Robert Frost），1920+

這世界將如何終結，一直是歷史上詩人和哲學家猜測並爭論不休的主題。當然，多虧了科學，現在我們知道答案了：是火，絕對是火。大約 50 億年後，太陽將膨脹成紅巨星，吞沒水星甚至金星的軌道，地球則會化為一顆燒焦的、毫無生機的、滿布岩漿的石塊。而這塊無菌悶燒的殘餘物，最終命運很可能也是被捲進太陽的外層，原子四散在這顆垂死恆星的翻騰大氣中。

所以：是火，定論了，佛洛斯特的第一個猜測對了。

但他想的還不夠遠大。我是宇宙學家，專門在最大尺度上研究整個宇宙。從這個角度來看，我們的世界只是飄蕩在浩瀚多變的宇宙中一粒多愁善感的小塵埃。不管於公於私都是，對我來說，最重要的是一個更大的問題：**宇宙**將如何終結？

我們知道宇宙有個開端。大約 138 億年前，宇宙從難以想像的密度狀態，變成蘊涵萬物的宇宙火球，再變成逐漸冷卻、餘響不斷的物質和能量流體，為我們今天所看到的恆星和星系埋下種子。行星形成，星系碰撞，宇宙大放光明。在一個螺旋星系邊緣附近，圍繞著一顆普通恆星運行的一顆岩石行星上，孕育出了生命、電腦、政治學，以及細長瘦弱的雙足哺乳動物，會以閱讀物理書籍為樂。

但接下來呢？故事的結局會是什麼樣子？一顆行星，甚至一顆恆星的死亡，也許原則上仍然可以度過。數十億年後，人類仍可能存在，只是可能完全變了個樣子，然後冒險前往遙遠的太空，尋找新的家園並建立新文明。然而，宇宙的死亡，將是一切的終結。如果一切最終都將結束，這對我們、對萬物而言，又意味著什麼？

## 歡迎來到時間的終點

儘管科學文獻中有一些經典（且非常有趣）的相關論文，但我第一次看到「末世論」（eschatology）一詞，也就是研究一切事物的終結，是在閱讀有關宗教的內容。

末世論——也就是世界末日——讓世界上許多宗教得以將神學教誨化為脈絡情境，讓人心神俱震地體會其含義。儘管基督教、猶太教和伊斯蘭教之間存在種種神學上的差異，但它們描繪的末日景象大同小異，也就是末日將是世界的最終重建，正義終將勝過邪惡，上帝所喜愛的將會得到獎賞。[1] 最終審判的承諾，多少彌補了一個不幸的事實，即這個不完美、不公平、隨機的實體世界，無法保證正直生活的人就能過得好且有價值。就像一部小說的終章可以挽救或毀了整本書一樣，許多宗教哲學似乎需要讓世界有個結束，而且是「公正」的結束，好讓一切的開始擁有意義。

當然，並非所有末世論都予人救贖，也並非所有宗教都提出末日。儘管在 2012 年 12 月底鬧得沸沸揚揚，但馬雅人的宇宙觀其實是循環的，就像印度教傳統觀念一樣，沒有一個特定的「終點」。這些傳統中的循環不僅僅是重複，更充滿了下一次會更好的可能性：你在這個世界上所受的一切苦的確很糟糕，但別擔心，一個新世界即將到來，現在所受的不公不會影響你

1　原注：關於這些獎賞到底將如何分配、分配給誰，這些部分就有分歧了。

的來世，甚至你會因此受益。另一方面，關於末日的非宗教故事更是五花八門，從認為一切都不重要（一切終將歸於虛無）的虛無主義觀點，到令人陶醉的永恆輪迴，即所發生的一切都會再次發生，完全按照原樣，永恆不變。[2] 事實上，這兩種看似對立的理論，通常都和尼采掛勾，他在宣布任何可能為宇宙帶來秩序和意義的上帝已死之後，不斷思索生活在一個缺乏最終救贖的宇宙中的意義。

當然，尼采並不是唯一一個思考存在意義的人。從亞里斯多德到老子，到西蒙波娃，到寇克船長[3]，再到吸血鬼獵人巴菲[4]，每個人都曾一度問過：「這一切有什麼意義？」截至本書寫作之時，答案仍莫衷一是。

無論我們是否信奉任何特定的宗教或哲學，都很難否認這一點：瞭解我們的宇宙命運，必定多少會影響我們如何看待自身的存在，甚至是如何度過這一生。如果我們想知道，我們在這裡所做的最終是否重要，那麼我們首先要問的就是：最後會是什麼樣子？如果我們找到了這個問題的答案，又會立即引出下一個問題：這對現在的我們意味著什麼？如果宇宙總有一天會滅亡，我們還需要在下週二把垃圾拿出去倒嗎？

我也翻閱過不少神學和哲學著作，雖然這些研讀讓我學

---

2　原注：2000 年代早期的經典電視影集《星際大爭霸》（*Battlestar Galactica*）也擁護這一觀點，只不過沒有深入探討哲學細節。

3　譯注：Captain Kirk，電視影集及電影《星艦迷航記》（*Star Trek*）主角。

4　譯注：Buffy the Vampire Slayer，電視影集《魔法奇兵》女主角。

到許多有趣的東西，但不幸的是，其中並不包括存在的意義。也許是屬性不合吧。最能夠強烈吸引我，是那些可以透過科學觀察、數學和物理證據來回答的問題和答案。儘管有時我也會希望能有一本書，為我一勞永逸地寫下一切的始末與生命的意義，但我知道，我真正能接受的，只有可以用數學重新推導的那種真理。

## 往上看

自從人類第一次思考死亡以來的幾千年裡，這個問題的哲學意義並沒有改變，但我們回答這個問題的工具改變了。今天，關於所有現實的未來和最終命運的問題，是一個紮紮實實的科學問題，答案觸手可及。但以前並不是這樣。在佛洛斯特的時代，天文學界依舊在激烈爭論，宇宙是否可能處於穩定狀態、永存不變。這是一個很吸引人的想法，我們的宇宙家園可能是個穩定宜居的地方：一個可以安享晚年的安全之地。然而，大霹靂（Big Bang）和宇宙膨脹的發現，排除了這種可能性。我們的宇宙不斷在變動，而我們才剛開始發展出理論和觀察方法，用以準確瞭解這些變動。而過去幾年，甚至是過去幾個月的發展，終於讓我們能夠描繪出宇宙遙遠未來的景象。

我想與各位分享這幅景象。目前的最佳測量結果，僅與少數的世界末日場景一致，而其中一些又可能會被最新的觀察證實或排除。探索這些可能性，讓我們得以一窺最尖端的科學運作，並讓我們在新的脈絡背景中看待人類的定位。在我看來，即使面對的是徹底的毀滅，這樣的探索也能帶來一種樂趣。人類這個物種被架在兩個極端之間，一邊是意識到自己極度的渺小，一邊又具有超越平凡生活、放眼虛空、解決宇宙最基本奧祕的能力。

套句托爾斯泰的話來說，每個幸福的宇宙都很相似；每個不幸的宇宙都有各自的不幸。在這本書中，我將描述對當前仍不完整的宇宙知識的微小調整，將如何導致截然不同的未來道路——從自我崩塌的宇宙，到自我撕裂的宇宙，再到逐漸落入不斷膨脹的泡沫噩運的宇宙。我們將探索現代對宇宙及其最終結局的理解如何演變，並試圖理解這**對我們**意味著什麼，在此同時，我們也會遇到一些物理學中最重要的概念，並瞭解它們不僅與宇宙啟示錄[5]相關，也涉及我們日常生活中的物理學。

## 量化宇宙末日

當然，對某些人來說，宇宙末日早已成為日常關注的問題。

我至今仍然鮮明地記得，自己發現宇宙隨時可能終結的那一刻。那時我和大學部天文學課的其他同學一起坐在菲尼教授（Professor Phinney）家客廳的地板上，正在參加每週一次的甜點之夜，而教授坐在椅子上，腿上抱著他三歲的女兒。他解釋

5　原注：apocalypsi?（作者自創字）

說，初期宇宙突然發生的空間拉伸擴展，即宇宙暴脹（cosmic inflation），仍然是一個謎，我們不知道它為什麼開始又為什麼結束，誰也說不準它會不會在下刻就再次發生。沒人能向我們保證，在我們天真快樂地吃著餅乾、喝著茶時，在那間客廳裡，不會發生一場突如其來、不可能有人存活的空間撕裂。

這些話殺得我措手不及，總感覺我再也不能相信腳下的地板穩若磐石。那一幕永遠刻印在我的腦海中：一個孩子坐在那裡，在突然不穩定的宇宙中，不自覺地坐立不安起來，教授則露出促狹的笑意，轉向了另一個話題。

現在我已經是一名成熟的科學家，能夠理解那抹笑意了。思索如此強大、勢不可擋，但又可以精確地用數學描述的過程，可能會令人病態地著迷。我們宇宙可能的未來，已經根據最佳可用數據，進行了描述、計算和加權。我們可能不確定現在是否會發生猛烈的新宇宙暴脹，但如果確實發生，我們已經準備好了方程式。在某種程度上，這是一個讓人心底一定的想法：即使我們這些弱小無助的人類沒有機會影響（或實現）宇宙的終結，至少我們可以開始去瞭解它。

許多其他物理學家，對於宇宙的浩瀚和強大到難以理解的力量，都變得有點習以為常了。你可以把這些都簡化為數學，擺弄幾個方程式，然後繼續過日子。但了悟到這一切是多麼脆弱，而我對此完全無能為力，這樣的認知所帶來的震驚和眩暈，在我身上留下了印記。我想要抓緊機會，涉入那個既可怕又充滿希望的宇宙視角，就像懷抱著一個新生嬰兒，感受生命的脆弱和未知的無窮潛力之間的微妙平衡。據說，返回地球的太空人，對世界的看法都會不一樣，也就是「總觀效應」（overview effect），從太空看地球，能讓人充分意識到我們的小小綠洲是多麼脆弱，而身為也許是宇宙中唯一有思想的生物，人類這個種族應該多麼團結一心。

對我來說，思考宇宙的最終毀滅就是這樣的體驗。能夠去思索深時（deep time）[6]的極限，並擁有能夠有條理地談論它的工具，這是一種智識上的奢侈。當我們問「這一切真的能永遠持續下去嗎？」，我們就是在隱晦地驗證自己的存在，將其無限期地延伸到未來，盤點並審視我們的遺產。承認最終的結局給了我們脈絡意義，甚至是希望，並看似矛盾地讓我們能從瑣碎的日常擔憂中抽離，同時又能更充分地生活在當下。也許這就是我們所尋求的意義。

我們絕對是更接近答案了。無論世界是否會在某一時刻在政治上分崩離析，從科學角度來看，我們都生活在一個黃金時代。在物理學中，最近的發現以及新的技術和理論工具，使我們能夠實現以前不可能的飛躍。幾十年來，我們一直在完善對宇宙起源的理解，但對宇宙如何終結的科學探索現在才剛開始復興。強大的望遠鏡和粒子對撞機的最新成果，提出了令人興奮（或恐懼）的新可能性，並改變了我們對遙遠的未來宇宙演化，可能或不可能的看法。這是一個正在取得飛躍性進步的領

6　譯注：地質時間或宇宙時間，即數十億年。

域，使我們有機會站在深淵的邊緣，凝視最終的黑暗。除了可量化的部分，你知道的。

作為物理學領域中的一門學科，宇宙學的研究其實不是為了尋找所謂的意義，而是為了揭示基本真理。透過精確測量宇宙的形狀、其中物質和能量的分布，以及控制其演變的力量，我們尋找現實更深層結構的線索。一般人也許以為物理學的重大進展通常與實驗室裡的實驗有關，但我們對自然世界基本定律的瞭解，大部分並非來自實驗本身，而是來自於釐清它們與天體觀測之間的關係。例如，確定原子的結構，需要物理學家將放射性實驗的結果，與太陽光中的光譜線（spectral line）模式連結起來。牛頓提出的萬有引力定律認為，使物體沿著斜面滑下的力，與使月球和行星保持在其軌道上的力相同。這最終導致了廣義相對論，愛因斯坦出色地重新定義了重力，而其有效性並非透過地球上的測量來證實，而是藉由觀察水星軌道差異和日全食期間恆星的明顯位置來證實。

我們現在發現，在地球上最好的實驗室中，經過數十年嚴格測試而開發的粒子物理（particle physics）模型並不完整，而線索來自天空。研究其他星系——像我們的銀河系這樣，包含數十億或數萬億顆恆星的天體群——的運動和分布，已經向我們指出了粒子物理學理論中的重大缺陷。我們還不知道該如何解決，但可以肯定的是，對宇宙的探索遲早能指出一條明路。宇宙學和粒子物理學的結合，已經使我們能夠測量時空的基本形狀，盤點現實的組成部分，並倒推時間，一窺恆星和星系存在之前的時空，以追溯我們的起源，不僅是生物上的，更是物質本身的。

當然，這是雙向的。如同現代宇宙學讓我們更加瞭解非常非常小的粒子；粒子理論和實驗，也可以讓我們一窺宇宙在最大尺度上的運作方式。這種自上而下和自下而上方法的結合，非常符合物理學的本質。也許流行文化常讓人以為科學全靠靈光一閃和翻天覆地的概念扭轉，但事實上，科學理解的進步，更多來自於檢視現有理論，將它們推至極限，並觀察它們在哪裡崩潰。當牛頓將球滾下山或觀察行星在天空中緩慢移動時，他絕對猜不到我們會需要一種重力理論，能夠用來解釋太陽附近時空的扭曲，或黑洞內部難以想像的重力。他應該作夢也沒想過，人類有一天會希望測量重力對單一中子的影響。[7] 幸運的是，這個真的非常大的宇宙，為我們提供了許多可觀察的極端環境。更棒的是，它使我們能夠研究初期宇宙，也就是整個宇宙都是極端環境的時期。

✢ ✢ ✢

關於術語的簡短說明。**宇宙學**（cosmology）作為一個通用的

7 原注：作法是讓它彈跳。真的。首先，我們將中子冷卻到幾近絕對零度，接著將它們減慢到慢跑速度，然後像拍上的乒乓球一樣上下彈跳。這個實驗也透露了暗能量的存在，這種神祕能量使整個宇宙膨脹得更快。物理學是瘋狂的。

科學術語，是指對宇宙整體的研究，從開始到結束，包括它的組成部分、隨時間的演變，以及控制宇宙運行的基礎物理學。在**天文物理學**（astrophysics）中，宇宙學家泛指任何研究非常遙遠事物的人員，因為（1）這意味著要大量觀測宇宙，（2）在天文學中，遙遠的東西同時也是很久以前的事件，因為光線從它們那裡到達我們這裡，早已走了很長一段時間——有時是數十億年。有些天文物理學家專精於宇宙的演變或早期歷史，有些則專門研究遙遠的天體（星系、星系團等）及其屬性。在**物理學**（physics）中，宇宙學可以轉向更理論化的方向。例如，有些物理系（而不是天文學系）的宇宙學家，會研究粒子物理學的替代公式，讓這些公式也許能適用於宇宙存在的第十億分之一秒。有些人則研究愛因斯坦重力理論該如何修改，以適用於像黑洞這種只能存在於更高維度空間中的假設物體。有些宇宙學家甚至研究顯然不是我們自己宇宙的整個假設宇宙——形狀、維度數量和歷史完全不同的各種宇宙——以便一窺**也許**有一天會被發現、與我們有關的理論數學結構。[8]

結果就是，宇宙學對不同的人來說代表不同的意義。研究星系演變的宇宙學家，要是聽研究量子場論如何使黑洞蒸發的

8　原注：弦理論家提出了很多這樣的理論（弦理論泛指試圖以新方式將重力和粒子物理結合在一起的理論，但目前大部分的成果都仰賴數學模擬，而不是與「真實」世界有關的東西）。有時去參加弦理論講座時，我都有種衝動，想要舉手澄清這些計算都與**我們的**宇宙無關，以免有其他人像我剛開始參加弦理論講座時一樣滿頭霧水。

宇宙學家說話，可能丈二金剛摸不著腦袋，反之亦然。

至於我，我全都愛。我第一次聽說有宇宙學這件事，是在十歲左右，透過霍金（Stephen Hawking）的書籍和講座。他談論黑洞、時空扭曲、大霹靂以及各種讓我感覺大腦像在做後空翻的東西。我**求知若渴**。當我發現霍金將自己描述為宇宙學家時，我知道這就是我想成為的人。多年來，我進行了全方位的研究，在物理系和天文學系之間來來回回，研究黑洞、星系、星系際氣體、大霹靂的複雜性、暗物質，以及宇宙在眨眼間灰飛煙滅的可能性。[9]在我浪擲的青春歲月裡，我甚至有段時間涉足實驗性粒子物理學，在核物理實驗室玩雷射（不管紀錄怎麼說，那場火災不是我的錯），還有划著充氣船繞行 40 公尺高、裝滿水的地下中微子探測器（那次爆炸也不是我的錯）。

現在，我是一個實打實的理論家，這可能對大家都好。這意味著我不進行觀察或實驗或分析數據，不過我經常預測未來的觀察或實驗可能會看到些什麼。我主要的研究領域，物理學家稱之為現象學（phenomenology）——新理論的發展與實際測試部分之間的那一塊。也就是說，我要尋找創造性的新方法，將人們對宇宙結構假設的基礎理論，與觀測天文學家和實驗物理學家希望在數據中看到的東西聯繫起來。所以我必須學習很多關於一切的知識，[10]而這有趣極了。

---

9　原注：當然，這是我做過的最有趣的事情，所以才會有這本書。我不知道為什麼我這麼喜歡這個主題。這可能不是個好兆頭。

10　原注：我們談的可是宇宙，所以我指的真的是一**切**。

# 劇透警告

這本書是為了讓我有藉口深入探討這一切將走向何方、這一切意味著什麼，以及透過提出這些問題，我們可以學到關於這個宇宙的什麼。這些問題都沒有一個公認的答案——所有存在物的命運問題仍有待解答，而且是一個活躍的研究領域，而我們得出的結論，可能會因一些認知的細微調整而發生巨大變化。在本書中，我們將探索五種可能性，依據專業宇宙學家目前討論中的重要性而定，並深入探討當前支持或反對每種可能性的最佳證據。

每個場景都呈現出一種截然不同的世界末日方式，分別由不同的物理過程主導，但它們都有一個共同點：總會有一個終點。在大量閱讀的過程中，我從未在當代宇宙學文獻中看到有人認真提出，宇宙可以永存不變。遲早都會有一個轉變——無論出於何種意圖和目的——摧毀一**切**，至少使宇宙的可觀測部分不宜有機結構存在。在這層意義上，我稱之為終結（對可能閱讀到此段文字的任何暫時感知性隨機量子漲落爆發[11]致歉）。有些場景暗示著宇宙可能會自我更新，甚至以某種方式重複，但之前迭代的一些脆弱記憶，是否能以任何方式持續存在，這是一個仍在激辯中的問題，就像逃離宇宙末日之類的事情原則上是否可能。最有可能的是，我們這個被稱為可觀測宇宙的存在小島的

11 原注：請耐心等到第四章，屆時波茲曼大腦（Boltzmann Brain）將閃亮登場。

終結，就是徹底的終結。這本書就是為了告訴各位，這一切可能會如何發生。

為了讓大家先有個基本概念，我們將對宇宙從一開始到現在的情況，做個前情提要。然後我們再來談毀滅。在其中五章的每一章中，我們都將探討一種可能的終結，會怎麼發生，可能會變成什麼樣子，以及我們對現實物理學不斷變動的知識，如何引導我們從一個假設轉向另一個假設。我們先從大崩墜（Big Crunch）開始，如果我們當前的宇宙膨脹逆轉，就會發生宇宙的驚天崩潰。接下來的兩章是暗能量驅動的世界末日，其中一章的宇宙不斷膨脹，慢慢變空和變暗，另一章的宇宙將自己撕裂。接著是真空衰變，即死亡量子氣泡（quantum bubble of death）[12]的自發產生，吞噬整個宇宙。最後，我們將一探循環宇宙學的推測領域，包括其餘空間維度的理論，在這些理論中，我們的宇宙可能會因與平行宇宙的碰撞而消失……一遍又一遍。最後一章將總結幾位尖端學者的最新信息，說明哪種情況目前看起來最有可能，以及我們可以期待從新的望遠鏡和實驗中學到什麼，以一勞永逸地解決這個問題。

對我們這些在無情的浩翰宇宙中度過短暫人生的人類來說，這意味著什麼，又完全是另一個問題。我們將在結語中提出多種觀點，並討論感知（sentience）本身是否可以在我們毀滅

12 原注：技術上來說，它叫做「真真空氣泡」（bubble of true vacuum），老實說，聽起來也相當不祥。

後留下任何痕跡。[13]

我們仍然不知道，宇宙的終結會是火、冰，還是完全出乎意料的東西。我們所知道的是，宇宙是一個巨大、美麗、令人無比敬畏的地方，非常值得我們花時間努力去探索。趁還來得及的時候。

13 原注：又一個劇透：前景不妙。

# 從大霹靂到現在

開始就暗示了結束，也需要結束。

——樂克（Ann Leckie），《輔助正義》（*Ancillary Justice*）

我很喜歡關於時間旅行的故事。我們當然可以輕易對時光機的物理原理吹毛求疵，或把出現的各種悖論一一列舉出來，但這個想法十分吸引人，即我們也許能找到一種方法，打開通往時間的大門，讓我們能知曉並干預過去和未來，讓我們擺脫這列失控的「現在」列車，無情地駛向某種未知的命運。線性時間似乎是如此受限，甚至是浪費——為什麼僅僅因為時鐘向前移動了幾格，我們就永遠失去了這些時間、所有這些可能性？我們可能已經習慣了嚴格的時序壓迫，但這並不意味著我們必須喜歡它。

幸運的是，宇宙學能幫上忙。當然，不是任何實際意義上的——我們在談一個相對深奧的物理學分支，它絕不可能讓你拿回昨天丟在火車上的雨傘。只不過雖然你的生活保持不變，但關於存在的其他一切都永遠改變了。

對宇宙學家來說，過去並不是遙不可及的失落境界。它是一個真實的地方，是宇宙中一個可觀測的區域，也是我們投入大部分工作時間的地方。我們只要安靜地坐在辦公桌前，就能觀察到數百萬甚至數十億年前天文事件的進展。這個技倆並不是宇宙學特有的，而是我們所處的宇宙結構所固有的。

歸根究底其實就是一句話：光的傳播需要時間。光速很快——大約每秒 3 億公尺——但仍然不是即發便至。在日常生活中，當你打開手電筒時，手電筒發出的光大約每奈秒（$10^{-9}$ 秒）前進 30 公分，而你所照亮的物體反射回來的光線，需要同樣長的時間才能映入你的眼簾。事實上，不管你看的是什麼，你所看到的影像（其實只是物體反射的光進入你的眼睛）在送到你眼前時，都已經有點舊了。從你的角度來看，在咖啡館裡坐在你對面的人，已經是過去幾奈秒的人了，也許這多少解釋了他們留戀的表情和過時的時尚感。就你而言，你所看到的一切都已成為過去。如果你抬頭看月亮，你看到的其實是 1 秒多一點之前的月亮。你看到的太陽是 8 分鐘多前的。而你在夜空中看到的星辰，更是來自遙遠的過去，從幾年到幾千年不等。

你可能早就熟知這種光速延遲的概念，但其意義極為深遠。這意味著作為天文學家，我們只要觀察天空，就能看到宇宙從早期到今天的演變在眼前上演。我們在天文學中使用「光

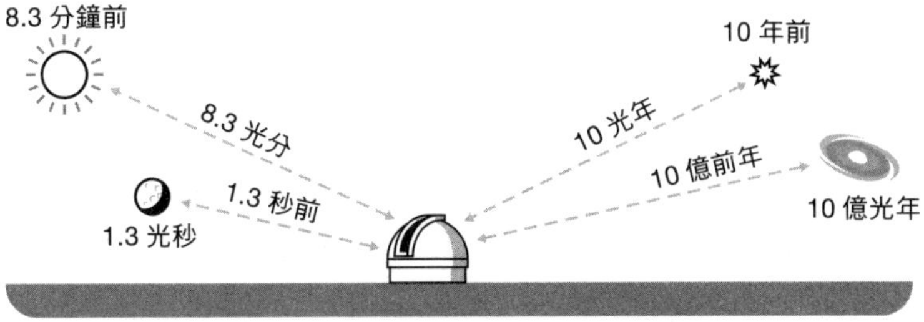


**圖 1：光的行進時間。**我們有時會用光秒、光分和光年來表示距離，因為這樣可以清楚表達，光已經向我們行進了多長時間，進而清楚表達我們正在看向多遠的過去。（此處的插圖均未按比例繪製！）

年」這個單位，不僅是因為它是便於使用的大數值（大約 9.5 兆公里），還因為它能告訴我們，光從我們所觀察的物體而來，行進了多久。從我們的角度來看，10 光年外的恆星已經是 10 年前的事了。100 億光年外的星系，已經是 100 億年前的事了。由於宇宙只有大約 138 億年的歷史，所以那個距離 100 億光年的星系，就可以告訴我們宇宙年輕時的狀況。從這個意義上說，凝望宇宙就等於凝望我們自己的過去。

對此有一個重要的警告，如果不提就是我的失職。嚴格來說，我們根本看不到**自己的**過去。光速延遲意味著物體距離越遠，它所身處的過去就越遙遠，而且這種關係是非常嚴謹的：我們不僅看不到自己的過去，也看不到那些遙遠星系的現在。距離越遠的東西，在宇宙時間線上的間隔就越大。

那麼，如果我們只看到其他星系很久以前、距離遙遠的過去，我們如何才能瞭解我們自己的過去呢？這就要說到一條原理了，因為對宇宙學太過核心，所以它乾脆被命名為**宇宙學原理**（cosmological principle）。簡而言之，這條原理指的是，就所有實際目的而言，宇宙在任何地方基本上都是相同的。顯然，這在人類尺度上是不正確的——地球表面與深太空或太陽中心當然大不相同——但在天文大尺度上，整個星系也只能算做一個無趣的斑點，那麼宇宙在各個方向上看起來當然都是一樣的，並且由相同的東西所組成。[1] 這個想法與哥白尼原理（Copernican Principle）密切相關，哥白尼原理是哥白尼（Nicolaus Copernicus）在 16 世紀提出的觀念，曾被視為異端，即我們在宇宙中並不佔據「特殊位置」，而是某個可能隨機選到、再普通不過的位置。因此，當我們觀察一個 10 億光年外的星系，看到它在一個比我們現在的宇宙年輕 10 億年的宇宙中，並看到它們 10 億年前的樣子時，我們可以有十足的信心認為，10 億年前的**這裡**，環境應該與它們是十分相似的。在某種程度上，這可以透過實際觀察來檢驗。對整個宇宙中星系分布的研究發現，宇宙學原理所暗示的均勻性，在我們所看到的任何地方都成立。

結果就是，如果我們想瞭解宇宙本身的演變，以及我們銀

1 原注：科幻小說總是喜歡忽視這一點。《銀河飛龍》（*Star Trek: The Next Generation*）有一個早期的情節，他們在幾秒鐘內意外地旅行了 10 億光年，他們最終到達的地方是某種閃爍著藍色能量和思想的深淵，如果它真的存在的話，我們完全可以用望遠鏡看到。

河系成長的環境，我們只需要**觀察遙遠的東西**。

這也意味著在宇宙學裡，並沒有定義明確的「現在」概念。或者更確切地說，你所經歷的「現在」，完全只是針對你、你正身處的地方、你正在做的事而言。[2]如果我們現在看到一顆超新星（supernova）爆炸的亮光，看著它當場爆炸，但那束光其實已經行進了數百萬年，那麼「那顆超新星現在要爆炸了」這句話到底是什麼意思？我們所看到的東西本質上完全是過去的事情，但那顆爆炸恆星的「現在」，對我們來說是無法觀察到的，而且我們在數百萬年內都不會得到任何關於它的知識，這使得它對我們來說不是「現在」，而是未來。

當我們把宇宙想成存在於**時空**（spacetime）之中——一種蘊涵一切的宇宙網格，其中空間是三個軸，時間是第四個軸——我們可以將過去和未來，視為同一織面上的遙遠點，伸展橫跨宇宙的誕生到終點。對於落在這個織面上不同位置的人而言，對我們來說屬於未來的事件，對他們來說可能是遙遠的過去。而我們幾千年後才能看到的事件所發出的光（或任何訊息），「現在」正穿過時空流向我們。那麼這件事是發生在未來，還是過去，還是兩者皆是？這一切都取決於視角。

如果你習慣以 3D 世界來思考，這麼一想的確會讓人頭昏

2 原注：在這一點上，我們要感謝相對論。狹義相對論說，當我們快速移動時，時間過得比較慢；廣義相對論說，當我們靠近一個大質量物體時，時間會放緩。

腦脹，[3] 不過對天文學家來說，非無限（noninfinite）的光速是非常有用的工具。這意味著我們不只可以尋找宇宙遙遠過去的線索——它的痕跡和殘餘物——更可以直接看著它，觀察宇宙隨著時間的變化。我們可以窺見才 30 億年的宇宙，在恆星形成的文藝復興時期，星系爆發出萬千光芒（如果不是藝術和哲學性的話），還可以看到這些光芒在隨後的宙（eon）中如何黯淡下去。我們甚至可以看得更遠，看到物質在不到 5 億年的宇宙中被捲進入超大黑洞，當時星光才剛開始穿透星系之間的黑暗。

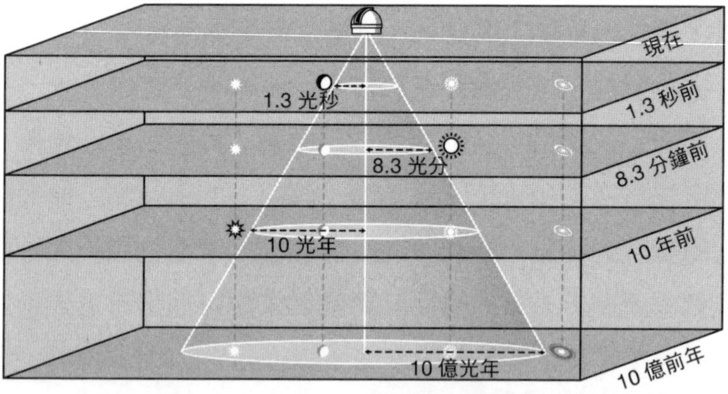


**圖 2：光在時空中的移動**。在此圖中，時間是向上移動的，而且我們只顯示了空間的兩個維度，而不是所有三個維度。空間中四個靜止物體的位置以垂直虛線表示，標示不同時間的相同位置。「光錐」是我們可以從天文台看到的過去區域——它包含了距離我們足夠近的一切，讓光線自發射後有時間送到我們眼前。我們可以看到 10 億光年外的星系 10 億年前的樣子，但我們看不到它「現在」的樣子，因為該星系的「現在」版本在我們的光錐之外。

3　原注：《回到未來》（*Back to the Future*）的布朗博士曾說：「你沒有用四維思考！」，他說的就是你。

不久之後，借助新的太空望遠鏡，我們將能夠觀察到宇宙中最早形成的一些星系——在宇宙只有幾億年歷史時形成的。但如果這些星系是第一批，那麼如果我們回顧得更遠的話會怎麼樣？我們能看得遠到還沒有星系的時候嗎？我們打算這麼做。現在正在建造的電波望遠鏡，也許能夠透過利用光和氫之間的偶然相互作用，來觀察誕生第一個星系的物質。透過直接觀察氫，這種有一天會變成恆星和星系的物質，我們可以觀察宇宙形成中的第一個結構。

但如果我們回顧得更遠呢？如果我們回顧到恆星、星系、氫氣存在之前的時代會怎麼樣？我們能看到大霹靂本身嗎？

是的，我們可以。

## 看見大霹靂

有一種流行的說法是把大霹靂描繪成某種爆炸——光和物質從一個點突然爆發，在宇宙中滾滾而出。其實不是這樣的。大霹靂不是宇宙內部的爆炸，而是宇宙**本身的**膨脹。它也不是在某一點發生，而是在**每個**點發生。今天宇宙空間中的每一點——遙遠星系邊緣的一處，另一個方向同樣遠的一塊星系間空間，你出生的房間——這些點中的每一個，在時間剛開始時都近得觸手可及，但就在那同一刻迅速拉開距離。

大霹靂理論的邏輯非常簡單。宇宙正在膨脹——我們可以看到星系之間的距離隨時間過去變得越來越大——這意味著星系之間的距離在過去更小。做個思想實驗，將我們現在看到的膨脹倒推回去，倒推個數十億年，總有一刻星系之間的距離必定為零。可觀測的宇宙，包含我們今天所能看到的一切，一定是包含在一個更小、更密集、更熱的空間內。但可觀測的宇宙只是我們現在所能看到的宇宙的一部分。我們知道太空遠不止於此。事實上，根據我們所知，宇宙的大小完全有可能是無限的。這意味著它一開始也是無限的。只是密集許多。

這很難想像。無限就是這麼難搞。擁有無限的空間意味著什麼？無限的空間不斷膨脹意味著什麼？無限的空間如何變得更無限？

這一點我恐怕也幫不了各位。

想在有限的大腦中想像無限的空間，誠非易事。我只能說，在數學和物理中有一些方法可以處理無窮大，這些方法是有意義的，而且不會破壞任何東西。作為一名宇宙學家，我的工作基於這樣一個基本假設：宇宙可以用數學來描述，只要這套數學行得通，而且對解決新問題有用，我就會接受它。[4] 或者更準確地說，如果這套數學行得通，而一個稍微不同的假設（例如宇宙不是**那麼**無限，但太大了，我們不可能感知到它的極限）同樣說得

4 原注：我這樣好像有點輕率，但這是一個相當重要的觀點。到目前為止，在物理學中，我們大部分的成果，是用我們稱為**模型**（model）的數學結構來描述宇宙，並使用實驗和觀察來測試和完善這些模型，直到我們得到一個最符合觀察結果的模型。然後我們開始尋找這個模型的極限。這並不是說我們認定數學是宇宙的基礎，而是似乎沒有其他方法能處理這些議題並得出意義。

通，但對我們的經驗或我們可以以任何方式測量的任何東西沒有影響，那我們就可以暫時守著較簡單的假設。所以：無限的宇宙。這可以方便我們工作。

總之，當我們談到大霹靂理論的時候，我們真正想說的是：根據我們對當前膨脹及其歷史的觀察，我們可以得出結論，宇宙曾經有一度，不論何處，都比現在更熱且密度更大。[5] 這有時被稱為「熱大霹靂」，指的是宇宙熾熱稠密的整段時間跨度，我們現在知道這是從宇宙誕生 0 年到 38 萬年左右的這段時間。[6]

我們甚至可以量化「熱稠密」的含義，並追溯宇宙的歷史，從我們現在享有的涼爽宜人的宇宙，推導出一個高壓鍋煉獄，那裡極端到粉碎了我們對物理定律的所有理解。

但這不僅僅是一個理論練習。從數學上推斷膨脹，並推導出更高的壓力和溫度是一回事；直接看到這個煉獄宇宙（infernoverse）[7] 又是另一回事。

---

5 原注：「我們的**整個**宇宙處於熱稠密狀態，然後在近 140 億年前膨脹開始……」。是的，裸體淑女（Barenaked Ladies）唱得沒錯：電視影集《宅男行不行》（*The Big Bang Theory*）主題曲的開頭，的確是對這則理論本身做了很好的總結。

6 原注：當然，這是在「年」出現之前的事，因為當時還沒有行星能繞恆星運行並定義時間單位。但為了我們自己方便起見，我們可以採用自己的單位做外推，把所有累計成年的分分秒秒標上數字。

7 原注：這是我剛發明的詞，這讓我自己覺得很得意。

## 宇宙微波背景

從臆測大霹靂到親眼目睹，都是宇宙學研究中「碰巧發現」的經典故事。1965 年，普林斯頓大學一位名叫皮布爾斯（Jim Peebles）的物理學家做了計算，他在減緩宇宙膨脹速率後，得出令人震驚的結論：大霹靂的輻射應該至今仍在宇宙中流竄。不只如此，它還應該是檢測得到的。他計算了輻射的預期頻率和強度，並與同事迪克（Robert Dicke）和威爾金森（David Wilkinson）合作，開始建造一種儀器來測量它。他們不知道的是，同一時間，就在貝爾實驗室的同一條路上，彭齊亞斯（Arno Penzias）和威爾遜（Robert Wilson）這兩位天文學家，正卯足勁用以往只用於商業目的的微波探測器進行天文學研究（微波是電磁波譜上的一種光，頻率比無線電高，但比紅外線或可見光低）。彭齊亞斯和威爾遜對商業應用完全不感興趣，只熱衷於研究天空，當他們在校準儀器以進行研究時，突然發現接收到奇怪的嗡鳴聲。顯然這些嗡鳴聲並沒有干擾望遠鏡之前的使用，也就是檢測從高大氣層氣球反射的通訊訊號，所以那些用戶並不真的在意。但現在是為了**科學**，所以這個問題必須解決。因為無論他們將探測器指向任何方向，都會出現嗡鳴聲，這讓他們感到非常不便。

望遠鏡干擾是觀測運行校準階段的常見問題，發生這種情況的原因有很多種。像是某個地方可能有鬆脫的電纜，或來自附近某個發射器的無線電干擾，或幾個機械上的小問題（無線電天文學最近有一項重大突破，其中涉及發現帕克斯〔Parkes〕電波望遠鏡拍攝到的精彩輻射爆發，但結果證實是出自午餐室裡工作太認真的微波爐）。彭齊亞斯和威爾遜檢查了探測器的所有細節，甚至考慮到在天線中築巢的一小群鴿子會不會是嗡鳴聲的來源。[8]但不管他們想了什麼辦法，都無法擺脫那些嗡鳴聲，也找不到任何可能造成干擾的原因。最後他們只好認真考慮這些嗡鳴聲確實來自太空、且來自天空各個方向的可能性。但那會是什麼呢？任何來自行星或太陽的東西，都應該只在特定的時間和方向出現，就連來自我們自己的銀河系的射線也不會完全均勻。

這時普林斯頓團隊登場，不過有點迂迴就是了。

時間倒退一點，皮布爾斯的計算指出，如果宇宙早期到處都是熱的，那麼我們現在應該仍淹沒在它的剩餘輻射中。他是這麼想的：如果看得更遠，意味著看到更久以前的過去，而如果在遙遠的過去曾經有一個時期，宇宙基本上是一個蘊含一切的大火球，那麼我們應該有可能看得更遠，以至於能看到宇宙**仍在燃燒**的一部分。或者，換個角度思考：如果 138 億年前，整個很可能是無限的宇宙都被輻射所照亮，那麼它的某些部分應該距離我們很遠，以至於這種光輝放出的輻射橫越過在這段期間當中仍在膨脹、冷卻的太空，剛剛到達我們眼前。無論我們朝哪個方向看，只要我們看得夠遠，就能看到那個遙遠的火熱宇宙。我們看的不是**空間**中不同的部分，而是**所有**空間都著

8 原注：很可惜，這項調查使得這群鴿子下場淒涼，其實真的不關牠們的事。

火的**時候**。

所以，這種背景輻射應該是來自四面八方。而且應該是無論你身在何處，它都會從四面八方而來，因為你永遠可以看得

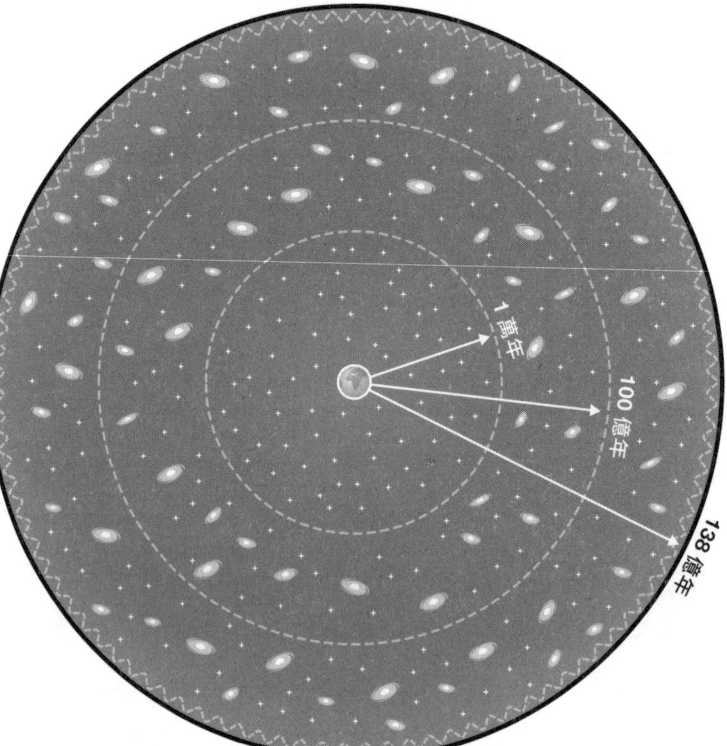


**圖 3：可觀測宇宙的卡通圖**。在與地球不同距離的位置，我們可以看到過去的不同時代。圖中地球周圍的每個球體都標記了迴顧時（lookback time，今天之前的年數）。我們所能看到的最遠距離（即使只是在原則上），相當於從地球到宇宙最初的那個點發出的光現在抵達我們眼前的距離。這定義了我們周圍的一個球體，稱為可觀測宇宙。

夠遠，遠到能看到熱階段的宇宙。光速／時間旅行之間的聯繫會免費提供這項功能。空間中的每一點都是其自身不斷加深的時間範圍的中心點，被火殼所包圍。

皮布爾斯意識到了這一點，並且像物理學家經常做的那樣，與他的同事談論起這些極其令人興奮的想法。他甚至還到處分發論文的預印本，其中描述了他和同事計畫如何檢測這種輻射。然後，消息傳到了 60 公里外的貝爾實驗室——透過兩名互不相識的物理學家、一架飛機和波多黎各。

聽過皮布爾斯談話的特納（Ken Turner），去參觀了阿雷西博（Arecibo）電波望遠鏡，在返程航班上他與另一位天文學家伯克（Bernard Burke）聊起，如果能探測到這種大霹靂輻射該會有多酷。伯克回到辦公室後接到彭齊亞斯的電話，詢問一些無關的工作，並碰巧提到了飛機上的閒聊。[9] 此時，我猜彭齊亞斯聽到之後應該坐了好一會兒，因為他這才知道自己和威爾遜恰巧成為第一批**親眼見證大霹靂**的人。他花了幾天時間與同事討論，然後才打電話給迪克，後者立即轉頭對皮布爾斯和威爾金森說：「我們被搶先了。」

---

9　原注：在除了關於鴿子的一些傳言之外，對這個故事一無所知的情況下，幾年前我在麻省理工學院碰巧遇到了伯克。我們就像物理學家那樣聊天，他告訴我一些之前我沒有留意的學術成果，然後談起與彭齊亞斯的電話，漫不經心地透露出他是物理學歷史上一項重大發現的催化者。幾年前我也遇過類似的事，在一次會議上我遇到了基布爾（Tom Kibble），他建立了有關希格斯玻色子（Higgs boson）的大部分理論。這個故事的寓意是：要認真聽榮譽教授說話；他們可能已經悄悄徹底改變了你的整個研究領域。

確實如此。彭齊亞斯和威爾遜因為率先觀測到宇宙微波背景（cosmic microwave background）[10]，而於 1978 年獲得了諾貝爾物理獎。

宇宙微波背景輻射（簡稱 CMB）後來成為我們研究宇宙歷史最重要的工具。無論是作為天文資料集或是作為技術成就，其重要性再怎麼強調都不為過，它讓我們現在可以收集、分析和繪製早期熾熱宇宙的光芒。它告訴我們的第一件事是：早期宇宙是一個發光發熱巨大煉獄的假設，得到了完全證實。

但我們如何確定我們檢測到的背景光真的來自原始火球，而不是來自某些奇怪的遙遠恆星的集合體或其他東西？事實上，光譜——在不同頻率下測量時會變得更亮或更暗——透露了非比尋常的祕密。

假設你有一個壁爐，你可以把一根撥火棍插入火中，直到它開始發出紅光。這種紅光不是金屬本身的特性，而是任何受熱的物體都會發生的現象（如果沒被燒掉的話）。這種光芒被稱為「熱輻射」，它的顏色僅取決於溫度。發藍光的東西比發紅光的東西更熱。事實上，如果你看得到紅外光，你就會一直看到人類、熱食和被太陽曬熱的人行道散發的熱輻射。人體熱輻射以紅外光的低頻發出，因為我們比火焰的溫度低得多，除非我們的處境極為不妙。

---

10 原注：在撰寫本書的過程中，我很高興聽到皮布爾斯獲得 2019 年的諾貝爾物理獎，部分原因是這項發現的理論面。所以，也許最後還是有些正義的。只是對鴿子來說沒有。

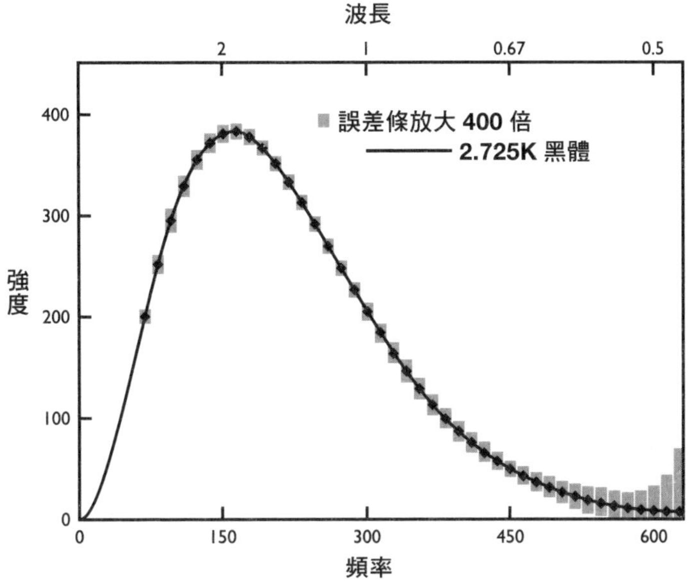


**圖 4：宇宙微波背景的黑體光譜。**曲線的高度表示特定頻率或波長的輻射強度。線條是在 2.725 K（攝氏 -270 度）的溫度下發光物體的預期光譜，數據點同時呈現誤差條，表示測量中的不確定性；不確定性的大小在圖中放大了 400 倍，不至於完全被隱藏在線寬遮蓋。

不過，你看到的顏色並不是光產生的全部物質。除了雷射之外，任何能產生光的東西，都會產生多種頻率的光（或顏色），而眼睛能看到的顏色是光最強烈的顏色（這就是白熾燈泡摸起來很燙的原因：儘管它們產生的大部分都是可見光，但也有大量額外的光是以紅外線的頻率放出，這使燈泡變得很燙）。不管是任何熱輻射，包括撥火棍和人體發出的光以及瓦斯爐上的藍色小火焰，光強度的變化與頻率的變化完全相同。根據溫度的不同，光線在某些峰值顏色處最亮，而兩側的顏色則很快變暗。在圖表上繪製出強度如何隨頻率上升和下降的形狀，我們就可以得到所謂的**黑體曲線**（blackbody curve，見上頁圖）——即任何因熱而發光的物體都會再現的曲線。[11] 事實證明，只要你測量宇宙微波背景在不同頻率的強度，就能得到自然界中能夠測得最精確、最完美的黑體曲線。唯一的解釋是，宇宙本身曾經無論何處都極度熾熱。

傳說，當這個結果第一次在會議演講中以圖表形式呈現時，觀眾都歡呼了起來。他們這麼熱情的部分原因，當然是因為測量結果非常令人印象深刻且精確，並且與理論完美契合（這總是令人欣見）。但我相當確定，另一部分原因是人們意識到他們**正在看見大霹靂**。真的**看到**。就拿我來說，我到現在都還在興奮之中。

除了令人興奮之外，宇宙微波背景還為我們提供了一個寶貴的窗口，讓我們能夠瞭解宇宙的最初時刻，以及宇宙如何隨時間而成長和演變。它也為我們提供了一些關於未來走向的提示，這些我們將在後面的章節中看到。

雖說如此，如果你製作一張宇宙微波背景圖，以顯示天空中光線的顏色變化，它其實看起來相當無聊：到處都是**幾乎**

---

11 原注：「黑體」這名字來自一個概念，有個物體——一個「體」——能完美吸收所有照射到它的光線，並重新發射為純粹的熱。當然，大多數物件都不能完美地做到這一點；它們會反射一些光，有些則被吸收而沒有重新發射。但大多數材料在加熱時多少都會發光，並呈現出可識別為黑體曲線的近似形狀。

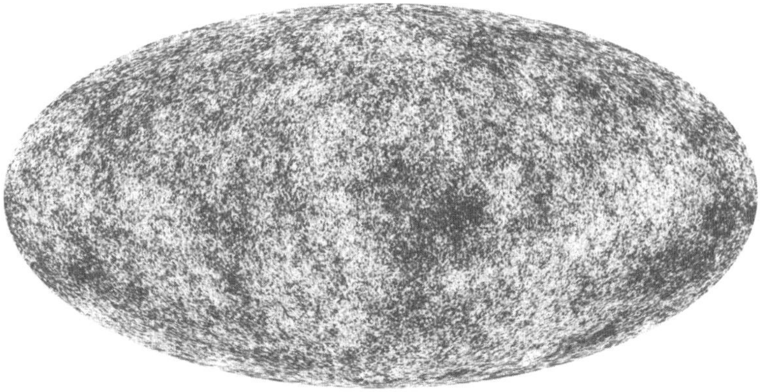

**圖 5：宇宙微波背景輻射。**這是整個天空的微波頻率圖，投影到莫爾韋德（Mollweide projection）投影中的橢圓形上（去除了我們自己星系的輻射）。較暗的區域表示稍冷（較低的頻率或較紅）的微波幅射，較亮的區域則表示稍熱（較高的頻率或較藍）的幅射。這些分別顯示早期宇宙的某些部分比周圍環境密度稍高或稍低，約為十萬分之一。

完全相同的顏色。不過，可以偵測到的微小差異，儘管非常非常小，卻能告訴我們很多。當天文學家將對比度調高到足以呈現出一些顏色變化時，就可以看到宇宙微波背景看起來有點斑駁，就好像有人用畫筆在天空上畫了一幅抽象的點畫，而畫筆的大小與從地球上看到的滿月一樣大。這些斑點在某些地方聚集成同一顏色的團塊，有些地方則是混色，其中一些斑點稍紅一點，一些斑點稍藍一些。[12] 顏色的差異代表沸騰的原始宇宙

12 原注：這些光都在光譜上的微波部分，所以「更紅」意味著低頻微波輻射，「更藍」意味著高頻微波輻射，但我們在製圖時的確是用了紅色和藍色等顏色，因為畢竟是人眼嘛。

電漿稍冷或稍熱的地方，原因是密度極微小的變化——每個點的密度與平均值的差異不超過十萬分之一（如果想具體瞭解十萬分之一是多少，你可以試著將一罐汽水倒進後院的游泳池）。

透過縝密的計算，我們可以算出這些細微的密度變化是如何隨著時間而加大，從小小的光點開始，經過數千年，成長為整個星系團。重力塌縮（gravitational collapse）的威力很強大。如果有一點物質比周圍的物質密度更大，它就會從那些密度較小的地方吸引來更多物質，兩者對比更加強烈，因此吸引更多的物質，重覆循環。富者越富，窮者越窮。

運用電腦模擬，將數十億年的演變濃縮成幾秒鐘，我們可以看到一小塊只比旁邊密度大那麼一點點的物質，從周圍吸收了足夠的氣體，形成了宇宙中的第一顆恆星。這些恆星形成第一批星系，然後星系聚集成星系團，所有的星系團將宇宙微波背景的斑駁畫面化成了我們現在所看到的宇宙網：閃耀的星系勾勒出有節點、細絲和空隙的脈狀排列，就像蜘蛛網上掛著露珠。如果將模擬結果拿一個出來與實際的宇宙圖相比（每個星系都只是巨型 3D 圖中的一個點），你會發現它們相符的程度高到不可思議，根本分不出有何差異。

所以，大霹靂發生了，我們看到了，也計算出來了，物理學證實了。現在，讓我們聚集在宇宙黑體的光芒下，講述宇宙起源的故事。並非所有的宇宙歷史都像宇宙微波背景一樣直接可見。火球階段結束前的幾十萬年，以及之後的 50 萬年左右都極難觀察。前者是因為光線太多（想像一下試圖透過火牆觀察），而後者則是因為光線太少（想像一下試圖觀察你和火牆之間空氣中的塵埃）。但位於中間段的宇宙微波背景，為我們提供了一個堅實的錨點，可以往前和往後推斷，現在我們對宇宙如何隨著時間演變，已經有了一個極具說服力的敘述，從第十億分之一秒開始，到 138 億年後的今天。

準備好了嗎？

**初始之際，是奇點**（singularity）。

嗯，也許吧。大多數人一想到大霹靂就會想到奇點：一個無限密集的點，宇宙中的一切都從這一點向外爆開。只不過，奇點不一定是一個點——它可能只是無限大宇宙的無限密集狀態。而且，如上所述，其實並沒有爆炸這件事，因為爆炸意味著擴展**進入某樣東西裡**，而不是**萬物**的膨脹。一切都始於奇點的想法，來自於觀察宇宙當前的膨脹，應用愛因斯坦的重力方程式，並向後推算。但這樣的奇點也可能根本不曾發生過。大多數物理學家都認為確實發生過的是，在真正的「開始」之後的幾分之一秒內，發生了一場極為激烈的超級擴張，實質上消除了之前發生的所有痕跡。因此，奇點為萬物起源是一個可能的假設，但我們無法真正確定。

還有一個問題是，奇點「之前」是什麼。這個問題可能是前後矛盾的廢話（因為奇點是時間和空間之始，所以它沒有「之前」），也可能是宇宙學中最關鍵的問題（因為奇點可能是一個循環宇宙中前一階段的終點），就看你問誰了。我們將在第七章討論後一種可能性，不過在這裡除了奇點有可能發生之外，就沒有什麼可說的了。即使我們真心相信能夠將宇宙膨脹一路倒推回奇點，奇點也代表了一種極端的物質和能量狀態，但以我們目前對物理學的瞭解，根本無法描述。

對物理學家來說，奇點是病態的。在方程式中，一些通常表現良好的量（如物質的密度）在奇點會趨於無窮大，此時不再有任何方法可以計算出有意義的東西。大多數時候，如果你遇到奇點，它就是在告訴你計算出了問題，需要重新開始。在你的理論中發現奇點，就像是讓衛星導航引導你到湖邊，然後指示你拆卸掉你的汽車，將你的車重新組裝成一艘船，然後划著你的新車船到另一邊。也許這確實是到達你想去的地方的唯一方法，但更有可能的是，你在幾公里之前的某一處就轉錯了方向。

但在實務上，甚至不需要像真正的奇點這樣明顯功能失調的東西，就可以毀掉我們所知的物理學。只要是在一個非常小的空間中擁有大量能量，你就必須同時處理量子力學（控制粒子物理學的理論）和廣義相對論（重力理論）。在正常的情況下，你只需處理其中一個，因為當重力很重要時，通常是因為你有一個巨大的東西，所以你可以忽略個別的粒子；而當量子力學很重要時，就是在粒子尺度上，你所處理的質量是如此之小，以至於重力在相互作用中完全可以忽略不計。但在極端密度下，你必須同時處理兩者，而它們處得不是很好，甚至是**水火不容**。極端重力涉及定義明確的巨大物體，它們會扭曲空間並改變時間的流動；量子力學則允許粒子穿過固體牆壁，或僅以模糊機率雲的形式存在。我們關於極大物質和極小物質的理論在根本上的不相容，暗示著我們應該創造更完整的新理論。但在我們試圖解釋非常早期的宇宙時，這種情況也相當不便。

如果沒有完整的量子重力理論（將粒子物理與重力相協調的理論），我們能夠以有意義的方式倒推宇宙的範圍就會受到限制。我們不可避免地會遇到誰也說不準的時刻。在這樣的時刻，密度高到我們預期極端的重力效應將與量子力學固有的模糊性競爭，但我們仍不知道在這種情況下該怎麼辦。是否會形成微觀黑洞（由於強重力），但又隨機出現和消失（由於量子不確定性）？當空間的形狀跟擲骰子一樣難猜時，時間還有什麼意義嗎？如果縮小到足夠小的尺度，空間和時間的行為是否會像離散粒子，或者可能是相互干擾的波？有蟲洞嗎？有龍嗎？？？我們不知道。

但因為我們需要準確地量化我們的困惑程度，以及困惑發生的時刻，所以我們稱之為普朗克時間（Planck Time）[13]，它涵蓋了從 0 到大約 $10^{-43}$ 秒的時間。如果您不熟悉這種表示法，$10^{-43}$ 秒等於 1 秒除以 10000000000000000000000000000000000000000000（1 後面有四十三個 0）。可以說，這是一段短到難以想像的時間。而且，再說明白一點，也不是說我們就**能夠**解釋普朗克時間之後的一切，而是我們目前絕對**無法**解釋它之前的任何

13 原注：以量子理論的早期創始人普朗克（Max Planck）的名字命名。另外還有普朗克能量、長度和質量，都是透過基本常數的各種組合來定義的，其中之一是普朗克常數，任何具有量子性質事物都少不了它。如果你的方程式中有普朗克常數，就代表事情可能會變得奇奇怪怪。

事情。

總結一下我們目前為止的進展：可能存在一個奇點。如果有的話，緊隨其後的是一段我們沒什麼可說的時期，稱為普朗克時間。

說實話，初期宇宙的這整個時間線，絕大部分仍是一種推斷，而我也很樂於承認，我們不應該完全相信這個推論。一個始於奇點然後膨脹的宇宙，會經歷難以想像的極端溫度範圍，從奇點處的無窮大，到當前宇宙涼爽舒適的環境，停在比絕對零度高出約 3 度的溫度。我們只能推斷在這些環境中的物理學會是什麼樣子，並因此得出本章中介紹的時序。儘管從奇點開始穩定膨脹的標準大霹靂理論存在一些重大問題（我們很快就會討論到），但我們仍然可以透過思考如果標準理論正確的話，以前曾經發生過什麼，如此來更加瞭解物理學的運作原理。

## GUT 時代

根據標準的大霹靂故事，普朗克時間之後就是 GUT 時代（GUT era）（我這裡使用「時代」這個詞來指持續約 $10^{-35}$ 秒的期間，而 GUT〔內臟的英文〕與人體解剖學完全無關）。GUT 指的是大統一理論（Grand Unified Theory），也就是物理學的烏托邦式理想化「統一」理論，描述了粒子物理學中的所有作用力，如何在宇宙早期階段的極端條件下共同作用。儘管宇宙正在迅速冷卻，但它仍然非常熱，熱到當時太空中每個點的能量，比我們最先進的粒子對撞機中最強大的碰撞產生的能量高出一萬億倍以上。很可惜的是，這個理論目前仍是空中樓閣，部分原因就是這個萬億倍讓我們無法進行實驗測試。但對於這個我們目前還沒有定論的理論，我們有很多可說的，包括它與我們今天看到的理論有何不同。

在現代宇宙的日常生活中，每種基本的自然力都發揮著獨特的作用。重力讓我們能好好待在地面上，電力讓我們的燈能夠亮著，磁力將我們的購物清單固定在冰箱上，弱核力確保我們後院的核反應爐散發穩定的藍光，而強核力則阻止我們身體的質子和中子分崩離析。但控制這些作用力的運作、彼此之間的作用，甚至是它們之間是否可以區分的物理定律，都取決於測量時的環境條件。具體來說，就是環境能量或溫度。在足夠高的能量下，作用力會開始合併結合，重新排列粒子相互作用的結構和物理定律本身。

我們目前已知，即使在日常情況下，電和磁也是同一現象的不同方面，這就是為什麼會有電磁體，以及發電機可以發電的原因。這種統一性對物理學家來說就像誘人的糖果一樣。只要我們可以拿兩個複雜的現象來說：「實際上，當你**這樣**看時，它們是**同一件事**。」我們基本上都會爆發無與倫比的物理喜悅。就某方面來說，這是理論物理學的最終目標：找到一種方法，將我們周圍看到的所有複雜凌亂的東西，重新排列成漂亮、緊湊和簡單的東西，它們只是因為我們奇怪的低能量視角而**看起來**很複雜。

就粒子物理的作用力來說，這一追求稱為大統一。根據我們在實驗室的實驗中看到的理論和推斷，人們認為在非常高的能量下，電磁力、弱核力和強核力都會完全結合在一起，成為完全不同的東西，以至於無法區分它們——它們都是受大統一理論支配的同一種大粒子—能量混合的一部分。目前已經開發和提出了一些 GUT，但是發生統一的能量尺度在達成上的困難度，使得這些 GUT 很難確認或排除，因此我們將其稱為「活躍研究領域」，如果各位願意提供更多贊助資金，我們會非常感謝。

各位也許會注意到，重力沒被邀請參加 GUT 派對。如果要把重力也拉進來，我們需要比大統一理論更宏大、更統一的東西——我們需要萬物理論（Theory of Everything，又稱 TOE）。物理學家普遍認為，在普朗克時期前後的某一時刻，重力以某種方式與其他力（以及龍或當時發生的其他任何東西）統一起來。但是，正如我們之前討論的，廣義相對論和粒子物理學不喜歡以目前的形式一起合作，因此我們在 TOE 方面取得的進展，甚至比在 GUT 方面取得的進展還要少。許多人都押注弦理論會是最終的 TOE。但如果說 GUT 很難通過實驗驗證，那麼 TOE 很可能根本就無法驗證，至少就我們目前所能想像得到的技術來說是如此。科學家時不時就會激烈爭論，情況是否真是如此，以及無法檢驗的理論是否應該被稱為科學。我認為情況沒有那麼糟。宇宙學可能會提供解決方案（不，我這麼說並不是因為我是宇宙學家）。在某些情況下，只要有一點創造力，就有一些誘人的可能性，可以透過對宇宙的觀察來檢驗弦理論的預測和相關想法。只要能熬過接下來幾章的幾次世界末日，我們就能看到宇宙學也許能夠向我們展示更多關於終極完美無缺的宇宙基本結構，勝過任何粒子實驗。

但先回到我們的故事。我們剛逃出普朗克時間量子重力混亂的困境，正在享受推測性稍微少那麼一點的、基本力統一的大統一理論時代。

## 宇宙暴脹

接下來發生的事情仍有許多爭論，但宇宙學中幾近共識的是，在這一刻的某個時候，宇宙突然經歷了所有增長爆發之母——我們稱之為**宇宙暴脹**（cosmic inflation）的過程。由於某種我們仍在試圖瞭解的原因，宇宙的膨脹突然進入了非常高速的狀態，有一天將成為我們整個可觀測宇宙的區域，大小增加了超過一百萬億萬億倍（即 $10^{26}$）。當然，這只使它變得像沙灘球一樣大，但有鑑於起始點比任何已知粒子還小得難以想像，而且這樣的增長發生在大約 $10^{-34}$ 秒之間，我們很有理由對此驚嘆不已。

暴脹理論的出現，是為了解決標準大霹靂模型中一些非常費解的問題。一個與宇宙微波背景的奇怪均勻性有關，另一個與它小小的不完美有關。

均勻性問題在於，標準大霹靂宇宙學，並沒有對整個可觀測宇宙（包括天空完全相反兩側的部分）如何在早期便達到相同的最終溫度提供任何解釋。當我們觀察大霹靂的餘輝時，不管在哪裡我們看到的都是一樣的，而且精準度極高，仔細想想，這是一個非常奇怪的巧合。通常，如果兩個物體處於我們所說的**熱力學平衡狀態**（thermodynamic equilibrium），它們是可以達到相同的溫度的。但其實這只是指它們有辦法交換熱量，並且也有足夠的時間進行交換。如果你把一杯熱咖啡放在房間裡的時間夠長，咖啡和房間裡的空氣就會相互作用，讓咖啡降成室溫，而房間的溫度也會稍微上升一點點。早期宇宙標準模型的問題就在於，它並不包括宇宙的兩個遙遠部分可以相互作用，並讓溫度達成一致的情況。如果我們取天空兩側的兩個點，計算出它們現在相距多遠，以及它們在 138 億年前的最初時刻相距多遠，那麼很明顯的，宇宙歷史上它們從來沒有一個時刻，可以讓光在它們之間傳播、以實現達到平衡的過程。在宇宙誕生之初，從其中一個點發出的一束光即使花上 138 億年，也不夠走完到達另一個點所需的距離。它們仍是，且一直是，在對方的天際線之外：無法以任何方式進行交流。[14] 因此，這要不是宇宙中最重大的巧合，就是早期發生的某些事情讓平衡發生了。

不完美的問題比較容易闡明。問題是這樣的：宇宙微波背景中那些微小的密度波動是從何而來的，為什麼會呈現這樣的模式？

宇宙暴脹解決了這兩個問題以及其他一些問題。其基本思想是，在早期宇宙中，在奇點之後、原始火球階段結束之前，有一段時期，宇宙膨脹得驚人地快。這有助於在早期允許一段讓非常小的區域達到平衡的時期，之後快速膨脹將使這塊經過良好穩定的小區域，延伸為覆蓋我們的整個可觀測宇宙。想像一下，把一幅複雜的抽象畫放大到你的整個視野內只有一種顏色。膨脹本質上是放大了宇宙的一部分，該部分小到已經達到相同的溫度，而整個可觀測的宇宙都始於該區域。

如果我們引用一點量子物理學的話，暴脹也可以方便地解釋密度變動。亞原子世界的物理學與日常生活的物理學之間的本質差異在於，在單一粒子的尺度上，量子力學使每一種相互作用，都具有內在的、不可避免的不確定性。你可能聽說過海森堡測不準原理（Heisenberg's Uncertainty Principle）：任何測量的精確度都是有限的，因為量子力學中固有的不確定性，總是會以某種方式抹掉結果。如果你非常精確地測量粒子的位置，你將無法確定它的速度，反之亦然。即使你只留下一個粒子，它的所有屬性都會受到一定程度的隨機變化，每次測量時都可能會得到略有不同的答案。

---

14 原注：這個簡化的解釋有一個微妙之處始終困擾著我。我一方面告訴你，這些區域在宇宙歷史上從未有過交流，但我同時又告訴你，宇宙始於一個奇點，當時萬物之間的距離都為 0。這並不能解決問題的原因是這樣的。現在在天空的兩邊取兩點。為了方便討論，我們說它們在 0 時間處於 0 距離。問題是，在 0 **之後**的任何時間，這些部分並沒有接觸到——它們無法進行任何資訊交換（例如攜帶溫度資訊的光束）。你可能會問，那零本身呢？雖然我們可以將第一個時刻標記為 0，但 0 時間就是 **0** 時間。時間起於奇點。所以沒有時間進行資訊交換（因為沒有時間），之後的每一刻都存在著「距離太遠無法溝通」的問題。

這與宇宙微波背景有何關聯？這個假設認為，暴脹是由一種受量子漲落影響的能量場驅動的：隨機上下跳躍。這些漲落通常只是微觀尺度上的短暫現象，卻會改變它們發生的微小尺度上的密度，然後延伸到足夠大的區域，成為原始氣體密度分布中的實質峰谷。如果我們在宇宙微波背景中看到的小斑點，是宇宙最初 $10^{-34}$ 秒內發生的漲落在數十萬年後的自然演變，那麼它們就完全有意義了。這些小斑點最終成長為我們今天看到

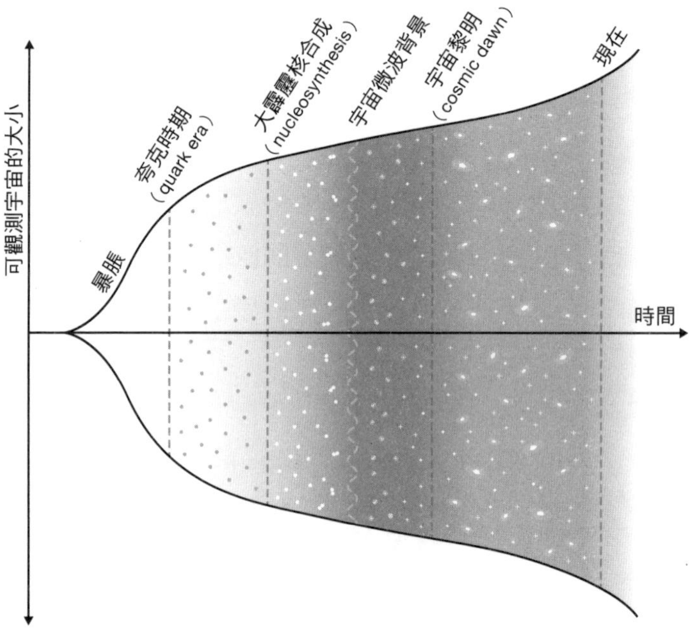


**圖 6：宇宙時間線。**在萬物初始後不久，可觀測宇宙的大小在暴脹過程中迅速增加。從那時起，宇宙就一直在膨脹（以較慢的速度）。此處標記的是宇宙歷史上的一些重要時刻。

的所有星系和星系團。

宇宙中最大結構的分布，可以精確呈現量子場的微小擺動，這一事實總是讓我想到就驚嘆。當我們觀察宇宙微波背景時，宇宙學和粒子物理學之間的連結呈現出前所未有的清晰，深具視覺衝擊力。

但我們有點超前了。以天文時間來看，宇宙微波背景的出現還需要幾個宙（eon）的時間。目前我們才說到 $10^{-34}$ 秒，還有很多故事要說。

暴脹結束後，一下擴展得極大的嬰兒宇宙已經比開始時更冷也更空。一個稱為「再加熱」（reheating）的過程將各處恢復到高溫，此時穩定膨脹和冷卻的正常過程繼續進行。

## 夸克時期

雖然暴脹前的宇宙很可能是遵循大統一理論，但暴脹後的宇宙卻漸漸地移向我們今天看到的物理定律。不過，在那之前還有很長的路要走。在這個時期，雖然強核力已經脫離了大統一陣營，但是電磁力和弱核力還沒有區分出來；它們仍然以某種方式合併在一起，成為單一的「電弱」力。粒子開始從原始湯（primordial soup）中出現——也就是夸克（quark）和膠子（gluon）。

目前，最常被觀察到的夸克，是質子和中子（統稱為強子〔hadron〕）的組成部分。膠子是透過強核力將夸克黏合在一起的「膠水」，名字取得很恰當。它們非常擅長將夸克結合在一起，因此目前發現的夸克都是雙個或三個，甚至偶爾是四個和五個。到目前為止，想發現孤立的單一夸克被證明是不可能的。事實證明，如果有兩個夸克結合在一起（形成一種稱為介子〔meson〕的奇異粒子），你必須投入大量能量才能分離它們，但就在它們即將分開的前一刻，剛消耗的能量會自發地產生另外兩個夸克。恭喜！現在你有兩個介子了。

然而，在非常早期的宇宙中，這些通常的規則並不適用於單夸克，當然也不適用於其他任何事物。當時不僅自然力在不同的定律下運行，宇宙還包含不同的粒子混合物，而且溫度高到夸克的束縛態（bound state）無法以穩定的形式存在。夸克和膠子在一種稱為夸克—膠子電漿的熱翻滾混合物中自由彈跳——有點類似於火的內部，不過是核能的。

這個「夸克時期」一直持續到宇宙達到 1 微秒的成熟老年。同時，在其中的某一瞬（大概在 0.1 奈秒左右），弱電力分裂成電磁力和弱核力。大概也是在那個時候，有某個變化區分了物質和反物質（物質的湮滅，快樂的邪惡雙胞胎），使得宇宙中大部分的反物質被湮滅了。[15] 這個變化發生的原因和過程至今仍然是謎，但身為物質，我們很高興能有這種變化，這樣我們就不會經常遇到反物質粒子，並消失在一陣伽馬射線中。

實際上，與大統一理論時代相比，我們對夸克時期的夸

15 原注：今天，我們是在某些類型的粒子反應中發現反物質，但大多數人注意到它，是因為當反物質粒子遇到與其匹配的常規物質粒子時，它們會湮滅、相互摧毀並產生能量爆發。

克—膠子電漿瞭解得更多。這個理論相當完善，與大統一理論相比，它與標準粒子物理學的偏離較小，更是有實驗證實了我們從電弱理論出發並加以推斷時所做的預測。但最妙的是，我們實際上可以在實驗室中**重新創造**夸克—膠子電漿。像是相對論性重離子對撞機（RHIC）和大型強子對撞機（LHC）這樣的粒子對撞機，都可以透過以極高的速度將金或鉛的原子核撞擊在一起，瞬間產生微小的火球，其溫度和密度之高，足以使所有粒子粉碎在一起，而讓對撞機中瞬間充滿了夸克—膠子電漿。透過觀察碎片「凍結」成普通強子的過程，科學家們可以研究這種奇異物質的特性，以及物理定律在這些極端條件之下的作用方式。

如果說宇宙微波背景讓我們一睹大霹靂的風采，那麼高能量粒子對撞機就讓我們嚐到了原始湯的滋味。[16]

## 大霹靂核合成

在夸克—膠子電漿階段之後，宇宙開始冷卻到足以形成一些熟悉粒子的程度。大約 0.1 毫秒時，第一個質子和中子形成，緊接著是電子，奠定了普通物質的基礎。大約兩分鐘後，宇宙

16 原注：它們也順帶為我們提供了關於時間另一端的線索：最近的突破向我們展示了證據，指出宇宙的終結可能會以一種完全意想不到的方式到來，而且隨時可能發生。這會在本書後面的部分介紹，我們就不要搶先自己了。我們應該能活到第六章吧。

冷卻到舒適的 10 億攝氏度，比太陽中心更熱，但已經涼到足以讓強核力將那些閃亮的新質子和中子聚集在一起。它們形成了第一個鍵結原子核：氫的一種形態，稱為氘（deuterium，質子與一個中子鍵結；嚴格來說，單個質子也可以被認為是原子核，因為它是氫原子的中心）。很快地，原子核就源源不斷地形成。部分質子和中子開始結合在一起，形成氦核、氚（tritium）以及少量的鋰和鈹。這個過程被稱為大霹靂核合成，持續了大約半個小時，一直到宇宙冷卻並膨脹到足以使粒子彼此遠離而不是融合在一起。

大霹靂理論的重要驗證之一，是我們發現宇宙中元素豐度的觀測結果，與我們根據原始火球溫度和密度的推估所計算出的大霹靂元素豐度相差無幾。不過，這項主張並不完美——關於鋰的豐度仍然存在一些困惑，可能會、也可能不會透露出早期宇宙是否出現一些其他異狀——但就氫、氘和氦來說，以我們實際所見而得到的測量值，與我們計算出如果將整個宇宙推入核融合爐後**應該**會發生的結果，兩者的對比是絕對賞心悅目的一致。

順帶一提，宇宙中幾乎所有的氫都是在最初幾分鐘內產生的，這意味著構成你我物質的很大一部分，是從宇宙誕生以來就一直以一種或另一種形式亙古長存的。你也許聽過「我們是由星塵組成的」（如果你是薩根派，則為「恆星物質」）這句話，如果**以質量**來衡量，這絕對是正確的。你體內所有較重的元素——氧、碳、氮、鈣等——都是後來在恆星中心或恆星爆炸中產生的。然而氫雖然最輕，卻也是人體內**數量**最多的元素。

所以，是的，你體內蘊藏著遠古恆星的塵埃。但你的身體也有極大的比例是由實際大霹靂的副產品所建構而成的。薩根（Carl Sagan）更大的聲明依然成立，甚至更加真確——我們是宇宙認識自身的一條途徑。

## 最後散射的表面

相對而言，在大霹靂核合成後，煉獄宇宙開始穩定下來。在那時，粒子的組成相對穩定，並且會一直保持這種狀態，直到數百萬年後第一批恆星出現。但在數十萬年的期間，宇宙仍是一團熾熱、嗡嗡作響的電漿，主要由氫、氦核和自由電子組成，光子（光粒子）在它們之間彈跳。

隨著時間流逝，宇宙膨脹讓輻射和物質有了擴散的空間。我有時會想像早期宇宙的這個階段，就像光子從太陽中心向外發射的旅程，但不是跨越空間，而是跨越時間。你從太陽的中心開始，那裡的熱量和密度非常高，以至於原子核融合在一起形成新元素。太陽內部不透光，光子不斷地在電子和質子上猛烈反彈，以至於光子還需要數十萬年的持續散射才能到達太陽表面。漸漸地，隨著你向外移動，電漿的密度會降低，光線能夠在散射之間傳播得更遠。最終，它可以從太陽表面自由地流入太空。

以類似的方式來看，從宇宙誕生的最初幾分鐘到大約 38 萬年後的時間之旅，就是整個宇宙從熱稠密電漿轉變為冷卻的氣體，最後其中的質子和電子終於可以結合成中性原子，讓光能在它們之間自由傳播，而不是不斷地從帶電粒子上反射。我們將早期宇宙火球階段的尾聲稱為「最後散射表面」，因為它就像是一種**時間**表面——從光被困在電漿中，到可以在宇宙中長距離傳播。

這就是我們在觀察宇宙微波背景時所看到的：熱大霹靂結束、過渡為黑暗寂靜、光穿過其中的宇宙的那一刻。這也是宇宙黑暗時代（Dark Ages）的開始——氣體慢慢冷卻並凝結成團塊，被最初漲落產生的微小密度光點所吸引。大約在 1 億年左右，其中一個團塊密集到足以點亮為恆星，宇宙黎明（Cosmic Dawn）正式開始。

## 宇宙黎明

宇宙從黑暗的氣態到閃爍著星系和恆星光芒的轉變，主要是由一種奇特的物質驅動，這種物質奇特到即使在最強大的粒子對撞機中也無法重新創造出來。在輻射、氫氣和少量其他原始元素的混合物中，存在著我們現在稱作**暗物質**的東西。其實它並不黑暗，而是看不見：似乎不願意以任何方式與光相互作用。它不散發輻射、不吸收、不反射。據我們所知，射向暗物質團的光束會直接穿過。但暗物質真正的亮點[17]在於其有能力

17 原注：非常抱歉。

影響重力。當透過自身重力湊成團塊的普通物質試圖凝結時，物質會產生壓力並回推。但暗物質的凝結不會出現這種回推力。不與光相互作用的副作用，就是暗物質幾乎不與任何東西相互作用，因為在大多數情況下，物質粒子之間的碰撞來自靜電排斥，而這需要與光相互作用才能發生（光子是光的粒子，但也是電磁力的載體，所以如果某物是不可見的，它就不會受電磁吸引或排斥）。沒有電磁力，就沒有壓力。

暴脹結束時的漲落形成的高密度物質原始小光點，是由輻射、暗物質和普通物質混合而成。由於普通物質具有壓力，並且與輻射混合在一起，因此一開始只有暗物質能夠因重力而聚集在一起，而不會立即彈開。後來等到宇宙進一步膨脹，已冷卻的物質散出輻射後，氣體終於能夠落入這些重力井，並開始凝結為恆星和星系。即使在今天，最大尺度的物質結構——星系和星系團組成的宇宙網——依舊由暗物質的團塊和網絡支撐。在宇宙黎明時期，那些看不見的團塊和細絲首先開始發光，恆星和星系被點燃並發光，沿著網絡閃閃發光，就像黑暗中的仙光一樣。

## 星系時期

宇宙迎來下一個重大轉變：大量的星光穿過太空，使在宇宙火球階段結束時已變成中性的周圍氣體產生電離。強烈的星光將氫原子分解成自由電子和質子，在最亮的星系團周圍產生巨大的電離氫氣泡。這些在宇宙中膨脹的氣泡標誌著**再電離時代**（Epoch of Reionization）（「再」是因為氣體一開始在大霹靂時被電離，現在又被恆星電離）。這一轉變在大約 10 億年左右時完成，現在是觀測天文學的前線之一，我們才剛開始瞭解它是如何以及何時發生的。從那時起的近 130 億年裡，一切都以大致相同的方式進行著：星系形成、合併，超大質量黑洞在星系中心積累質量，新恆星誕生、衰老，然後死去。

然後，到了現在。我們今天看到的宇宙，是一個巨大而美麗的星系網，在黑暗中閃閃發光。我們美麗的藍白色世界，圍繞著銀河系中一顆中等大小的黃色恆星運行，從任何有意義的角度來看，該恆星都非常普通。雖然我們還沒有找到明確的訊號，但這個不起眼的星系可能充滿了生命，因為久遠之前爆炸的超新星碎片，在散布在 1000 億顆恆星上的每個世界，都創造了基本的生物學成分。根據目前的估計，多達十分之一的恆星系統有一顆行星，其大小和與恆星的距離恰到好處，足以在其表面維持液態水——這暗示著（而非絕對）生命可以找到一種繁衍生息的方式。在可觀測宇宙中可見的數萬億個其他星系中，可能存在無數其他物種，擁有自己的文明、藝術、文化和科學事業，都從自己的角度講述自己的宇宙故事，並慢慢地發現自己的原始過去。在每一個世界上，那些像我們或不像我們的生物，可能會探測到宇宙微波背景的微弱嗡嗡聲，推斷出大霹靂的存在，並得出令人震驚的知識，即我們共同的宇宙在迴顧時並非永無止境，而是有一個最初的時刻，一個最初的粒子，一顆最初的恆星。

而那些生物，就像我們一樣，可能會得出同樣的認知：一個不是靜態的、有明確開始的宇宙，也必然有一個結束。

# 大崩墜

先從世界末日開始吧，有何不可呢？

先聊完這個，再談其他更有趣的事。

——潔米欣（N. K. Jemisin），《第五季》（*The Fifth Season*）

在北半球，在秋季漆黑無月的夜晚仰望天空，你可以找到寬 W 形的仙后座。凝視它下方的空間幾秒鐘，如果天空夠黑，你會看到一片幾乎寬如滿月的模糊光影。那片模糊光影就是仙女座星系，一個由大約萬億顆恆星和一個超大質量黑洞組成的巨大螺旋盤，它正以每秒 110 公里的速度向我們猛衝過來。

大約 40 億年後，仙女座星系和我們的銀河系將發生碰撞，創造出絢麗的光影秀。恆星將被混亂地拋離軌道，形成恆星流，以優雅的弧線橫跨宇宙。星系氫的突然碰撞，將引發能讓恆星誕生的小爆發。先前休眠的中央超大質量黑洞周圍的氣體燃起，黑洞在一片混亂中碰撞，互相吞噬。強烈的輻射和高能量粒子噴流，將刺穿纏成一團的氣體和恆星，倒楣的物質在新銀仙星系的中心區域散發出熱如 X 射線的光輝，然後被捲入更為巨大的新黑洞之中。

即使在這場巨大的銀河列車失事中，恆星之間的巨大距離使得恆星遭受正面撞擊的可能性不大，因此太陽系整體而言或多或少可能會倖存下來。但地球則不然。到那時，太陽早已經膨脹到紅巨星大小，使地球升溫到海洋沸騰並徹底消滅地表所有生命的存在。然而，如果有任何人類聰明才智的結晶能夠在太陽系中倖存下來並持續觀察，就會看到這兩個巨大螺旋星系的結合，會是多麼令人驚嘆和美麗的過程，並將持續數十億年。等粒子噴流和超新星火焰平靜下來時，產生的物質將是古老和垂死恆星的巨大橢球體集合。

儘管對於身處其中的人來說可能是大難臨頭，但從宇宙的角度來說，星系的合併不過是日常事件，如果從極其遙遠的位置觀察，還會顯得非凡奪目。大星系會撕裂並蠶食較小的星系；相鄰的恆星系統會相互合併；我們自己的銀河系也殘留著吞噬了數十個較小鄰居的證據——我們還能看到恆星在我們自己的星盤周圍劃出巨大弧線的痕跡，就像星際車禍中的殘骸碎片一樣。

然而，在整個宇宙中，這樣的碰撞將會越來越罕見。宇宙正在膨脹：空間本身——也就是物體之間的空間，而不是其中的物體——正在變大。這意味著，平均而言孤立的單一星系和星系群之間的距離會越來越遠。在各個團群之內，合併仍然可能發生。與我們緊鄰的恆星系統集團，即同樣隸屬於名字有點平淡的「本星系團」（Local Group）中的星系，多是小型且不規則星系組成的烏合之眾，只有兩個是巨大螺旋星系，而且我們注定會隨著時間更加貼近。然而，再往更遠的地方看，在幾千萬光年之外，一切似乎都在擴散。

從長遠來看，最大的問題是：這種擴張會無限期地持續下去，還是終將停止、逆轉，使萬物撞毀在一起？我們怎麼知道擴張正在發生？

當你身處在一個朝向各個方向都以相同方式膨脹的宇宙時，它本身看起來並不像膨脹，更像是其他一切都在遠離你的奇怪現象⋯⋯無論你在哪裡。從我們的角度來看，我們看到遙遠的星系都在遠離我們，就好像我們發出某種排斥力。但如果我們突然身處於 10 億光年之外的星系中，我們也會看到同樣

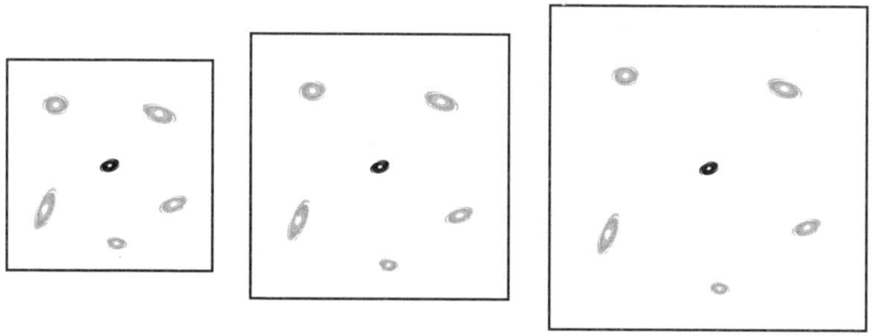

**圖 7：宇宙膨脹示意圖。**在這裡呈現的是宇宙在三個不同時刻大小漸增，以從左到右增大的正方形來表示。隨著時間流逝，星系彼此遠離，但它們並不會隨著空間的膨脹而變大。

的現象：銀河系和一定距離之外的其他一切，都會遠離**那**一點。這種行為正是空間各處都以同樣方式、同樣速度變大所產生的有點反直覺的結果。

結果是，宇宙中的每一點都是看似強大而均勻的斥力核心。嚴格來說，宇宙沒有中心。但我們每個人都是我們自己**可觀測**宇宙的中心。[1]從我們的角度來看，除了我們近鄰以外的星系，全都在以最快的速度搖搖擺擺地遠離我們。不是因為我們，而是因為宇宙學。

宇宙膨脹比你想像的更難發現。雖然自1700年代以來，我們就可以透過望遠鏡觀測到銀河系以外的星系，但它們的距離如此之遠，運動如此之慢（根據人類時間尺度判斷），以至於要判斷它們相對於我們確實在移動，甚至它們其實就是星系，便花了兩個多世紀的時間。即使是現在，最強大的望遠鏡也無法直接看到星系的運動——每次我們觀察時，星系似乎並沒有變得更遠。但我們還是檢測到了，透過仔細梳理星系一個看似無關的屬性：星光的顏色。

如果你曾經聽過賽車駛過身邊時暴起暴落的「轟轟！」聲，或是警笛聲接近和遠離時音調的變化，就不會對都卜勒效應（Doppler effect）感到陌生。一般人常遇到的都卜勒偏移現象是這樣的：當發出聲音的物體朝你移動時，聲音的音調會變高，

1　原注：身為自己宇宙的中心，也許一開始聽起來很吸引人，直到你想到這一點的觀察證據是一切都在試圖盡快遠離你。

而當它遠離你時，音調會下降。這與空氣中的壓力波在靠近時堆積和離開時拉伸的方式有關，這會改變你聽到的聲音頻率。畢竟，頻率就是波浪一次又一次襲向你的速度。以聲音來說，這些波浪就是壓力波，而頻率越高音調就越高。

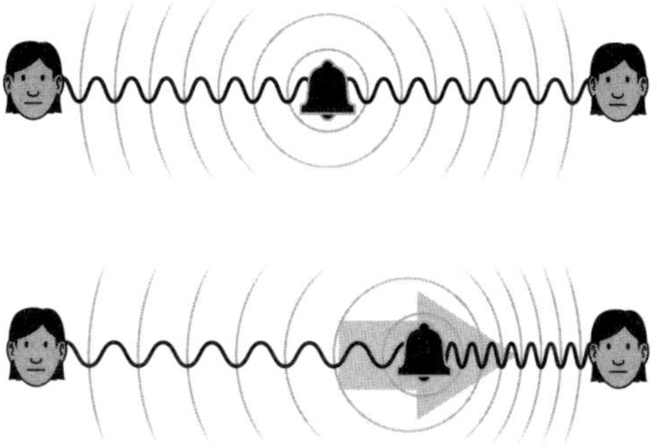

**圖8：都卜勒偏移圖示。**當聲源靜止時，兩個靜止觀察者聽到的頻率是相同的。當聲源移動時，對於聲源遠離的觀察者來說，聲音被拉伸成較低的頻率，對於聲音接近的觀察者來說，聲音被壓縮成較高的頻率。前者聽到低音，後者聽到高音。

事實證明，光也有類似的反應。一束快速朝你移動的光將轉變為較高的頻率，而一束遠離你的光將轉變為較低的頻率。光的頻率對應於顏色，因此這種轉變看起來像是顏色的變化。電磁頻譜遠遠超出了可見光範圍，但簡單來說，當光發生都卜勒偏移時，上移稱為**藍移**（因為高頻可見光位於頻譜的藍色端），下移稱為**紅移**。極度藍移的可見光可能會轉為伽馬射線，而極度紅移的光會以無線電訊號的形式出現。這種現象是天文學中最重要也最萬用的工具之一，讓我們能夠光看恆星或星系的顏色，就能判斷它們是否正在朝我們移動或遠離我們。

當然，這在實務上沒有那麼簡單（天文物理學在這方面可能會令人沮喪）。有些恆星和星系本來就比其他恆星和星系更紅。那麼，我們怎麼知道它是因為本來就紅所以呈現紅色，還是因為它正在後退所以看起來紅？[2]關鍵在於，光從來就不是單一個顏色，而是跨頻率的分布——即光譜。一顆恆星光譜的特徵圖案，來自恆星大氣中不同化學元素吸收或發射的光。當你透過稜鏡折射光線時，不同的顏色會以不同的強度出現，並在那顆恆星大氣中的原子吸收光的特定頻率處出現暗線或間隙——這些頻率的光在送到你眼睛之前，就被氣體移除了。這些特徵就像是每種元素獨有的條碼，天文學家一眼就能辨識出這些線條模式。舉例來說，穿過氫雲的光在經過折射分散成光譜後，會出現特定的梳狀暗線圖案。我們從實驗室測試中知道線條應該在哪裡，圖案應該是什麼樣子，我們也可以拿其他元素的圖案重複這個比對過程。如果一顆恆星的光譜有一個可識別的梳狀圖案，但這些譜線出現在「錯誤」的頻率，那就表示來自這顆恆星的光，因為該恆星的運動而發生了偏移。如果每條線都以相同的方式移動到較低的頻率，那就是紅移，恆星正在遠離。如果每條線都移向高頻率，那就是藍移，恆星正在接近。而線條移動的距離也告訴我們恆星移動的速度有多快。

天文學家對這類測量已經非常熟練。紅移或藍移現在是觀

2　原注：我們有時也會在「小」與「遠」方面遇到類似的問題。

察宇宙中任何光源最直接的工具，只要能獲得光譜，且光譜呈現任何可識別的線條圖案，我們就可以用它來判斷銀河系中的恆星如何相對於我們移動，或是檢測恆星被周圍行星軌道拉動的微小擺動。

至於非常遙遠的星系，我們現在不僅可以使用紅移來測量它們相對於我們如何移動（靠近我們或遠離我們，以及多快或多慢），還可以測量它們在移動時離我們有多遠。這是怎麼做到的呢？宇宙的膨脹意味著，無論星系本身如何在空間中移動，由於我們和星系之間的空間正在膨脹的事實，它整體而言都會遠離我們。而它離開我們的速度有多快，取決於它現在離我們有多遠。

1929年，天文學家哈伯（Edwin Hubble）在研究星系紅移時，注意到一個鮮明且十分簡便的模式。平均而言，距離較遠的星系紅移程度較高；這種關係使我們能夠確認宇宙的膨脹，並繪

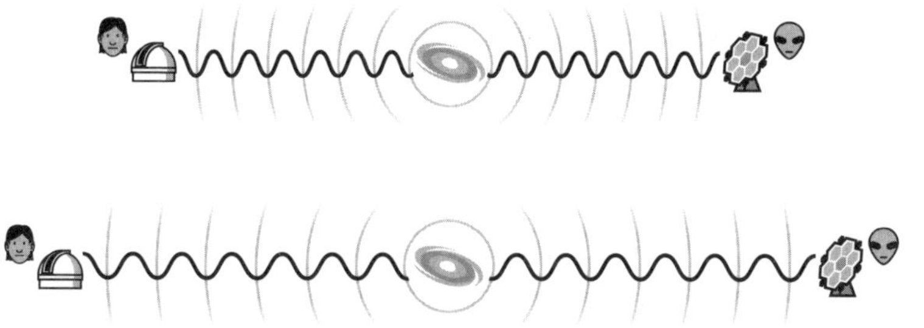

**圖9：宇宙膨脹和紅移。**隨著宇宙的膨脹，來自遙遠星系的光被宇宙膨脹拉長。這意味著隨著宇宙的膨脹，我們觀察到來自遙遠星系的光，波長將顯得較長（紅移）。因為膨脹無所不在，所以另一個在宇宙其他地方觀察遙遠星系的觀察者，也會看到該星系的光發生紅移。

製出其演變。透過將紅移轉化為速度，哈伯察覺到了一個模式：星系越遠，遠離我們的速度就越快。

想像一下用雙手扯開一條緊身褲（只是扯開，不是來回拉扯。這是為了科學）。當你用雙手往外拉時，緊身褲的每條織線僅與旁邊的織線拉開一指寬，但同時間，整條緊身褲兩端的織線能拉開到近 1 公尺的距離。如果空間向各個方向均勻膨脹，那麼同樣的關係也應該成立，而這正是哈伯的觀測所發現的。就數學而言，這給了我們一個方便簡單的經驗法則：星系的視速率（apparent speed）與其距離成**正比**。也就是，第一，距離越遠的東西移動得越快。第二，有一個數字，乘上任何星系的距離就能得出它的速度。雖然最後是哈伯的數據證明了這種關係，並得出了這個數字的估計值，但實際上比利時天文學家兼牧師勒梅特（Georges Lemaître），早幾年就從理論上預測了這一比例。因此，這種關係稱為哈伯—勒梅特定律。[3] 而這一比例常數（距離乘以的數字）稱為哈伯常數。

對我們來說，最關鍵的部分在於紅移和距離之間的關係。這意味著我們可以觀察一個遙遠的星系、測量紅移，並據此確定該星系到底有多遠（但會附加一些技術警告）。[4]

但紅移也與宇宙時間有關。宇宙的膨脹使天文學中的許多東西顯得怪怪的，其中之一是我們使用本質上是顏色、卻被寫

3 原注：天文學界經常只稱其為「哈伯定律」，但 2018 年，國際天文學聯合會投票正式認可勒梅特的貢獻，並將他的名字添加進去。身為理論家我是贊同的。

成數字的東西，來表示速度、距離和「在那東西發光時宇宙當時的年齡」。物理學很瘋狂。

原理如下。如果我們測量一個星系的紅移，就能知道它遠離我們的速度有多快，而且可以使用哈伯—勒梅特定律來計算它的距離。但由於光需要時間才能夠到達我們身邊，而且我們知道光速，因此知道距離，也可以告訴我們光在路上走了多久。這意味著測量星系的紅移，可以告訴我們光線離開星系多久了。既然我們知道宇宙現在的年齡，這就可以告訴我們，當那個星系發出我們看到的光時宇宙的年齡。

綜合一切因素後，天文學家還可以使用紅移來指稱宇宙的早期時代。「高紅移」是很久以前宇宙還年輕的時候；「低紅移」則較為近代。紅移 0 是目前的本地宇宙；紅移 1 是 70 億年前。再往高端去，紅移 6 是誕生才 10 億年左右的宇宙，而在宇宙的最初，如果我們能看到的話，將會是無窮大的紅移。

因此：高紅移星系是宇宙還年輕時就存在的遙遠星系，而低紅移星系基本上是「現代」宇宙中相對較近的物體。

距離—年齡—紅移的關係在宇宙學中非常有用。但它依賴於這樣一個事實：退離速度永遠以已知的方式隨著距離的增加

4 原注：在「附近」的宇宙中，退離速度很慢，而那只是一個簡單的除法問題：速度除以哈伯常數等於距離。對於更遙遠的來源來說就複雜多了，因為哈伯常數在整個宇宙時間內其實並非恆定，並且當速度非常高時，這一比例也不呈嚴格的正比。一般來說，如果宇宙學中有任何東西聽起來極為簡單，那它要麼是一個近似值、一個特例，要麼就是我們一生都在尋找的終極萬物理論（我不會賭第三個選項）。

而增加。但如果擴張突然減慢怎麼辦？如果它**停下來**並倒轉方向怎麼辦？這樣的其中一個後果是，它將完全顛覆我們距離測量的經驗法則，並且讓許多天文學家沮喪不安。另一個幾乎同樣重要的結果（取決於你問的是誰）則是：這將是宇宙和其中萬物的末日。

## 什麼往上

既然我們知道（1）宇宙始於大霹靂，且（2）它目前正在膨脹，那麼合乎邏輯的下一個問題就是：它是否會轉向回縮，因而導致災難性的大崩墜？從一些非常基本和合理的物理假設出發，膨脹宇宙的未來似乎只有三種可能，而且都可以直接類比為被扔到空中的球可能發生的幾種情況。

你站在戶外，在地球表面。你把一顆棒球直直往上扔。為了方便討論起見，假設你的臂力非凡，空氣阻力也不是問題。那會發生什麼事？

在一般情況下，球會往上飛一段時間，回應你給予它的初始推力，但它一離開你的手，就會開始因地心重力而減慢上升速度。[5]終於，它慢到在半空中靜止，接著就會倒轉方向，落向你和你所站立的星球。但如果你以極快的速度扔出球——具

5　原注：嚴格說來，球和地球都在相互拉動，因為重力是雙向的，但地球因棒球的重力拉力而產生的運動量……不多。

體來說是每秒 11.2 公里，即地球的脫離速度——原則上你可以給球足夠的推力，使它完全離開地球，這樣一來它的速度只會稍減，並且只有在無限遙遠的未來才會停下來（或是撞上其他東西）。如果你丟得更快，球就會完全脫離地球，永遠地飛出去。

膨脹宇宙的物理學遵循非常相似的原理。最初的推動力（大霹靂）引發了膨脹，從那時起，宇宙中所有物質（星系、恆星、黑洞等）的重力都會對抗膨脹，試圖減慢膨脹的速度，並再次將所有東西拉回到一起。重力是一種非常弱的力量——所有自然力中最弱的一種——但它的作用範圍是無限的，而且永遠是吸力，即使是遙遠的星系也必須相互吸引。就像棒球的例子一樣，追根究底最重要的問題是：最初的推力是否足以抵消重力？我們甚至不必知道最初的推動力是什麼；只要我們能夠測量現在的膨脹速度，並測量宇宙中的物質數量，就可以確定重力是否足以使膨脹最終停止。或者，只要我們可以推斷出遙遠過去的擴張速度，就可以透過比較該數字與今天的擴張速度，來確定擴張會如何演變。[6]

如果我們的宇宙**真的**有一天會遭遇大崩墜，那麼第一個暗示就會透過這樣的推論看到。在崩潰開始之前，我們會看到過去的擴張速度更快，現在則是以一種特定的、可能導致厄運的方式放緩。隨著時間流逝，確定性逐漸升高，我們會在崩潰正

6　原注：你也許會想知道我們是否可以衡量現在和十年後的擴張，看看它是如何變化的。很可惜，目前的技術還不允許如此精確的測量，但在未來幾十年裡，我們也許能夠進行這種比較。

式開始之前數十億年，就接收到崩潰即將到來的跡象。

但在一頭埋進數據分析之前，讓我們先停下來問一下，崩潰一旦開始，走向收縮宇宙的過渡期和最終的末日會是什麼樣子。畢竟，這才是各位閱讀本書的目的。

現在，物體和我們距離越遠，退離的速度就越快，因此紅移就越大（哈伯—勒梅特定律）。在注定崩潰的宇宙中，這種模式將持續到膨脹完全停止——也就是雲霄飛車的最高點時刻。但由於光速，我們無法立即看到整個宇宙，因此我們在遙遠的物體實際上已經調頭而來很久之後，仍會**看到**它們正在後退。儘管以地球整體而言，最遠的物體將比附近的物體更快地衝向我們，但一開始我們看到的卻是相反的行為。附近的每個星系，也就是我們的一圈宇宙鄰居，似乎都會慢慢地向我們靠近。與仙女座星系一樣，它們的星光也會出現藍移。除此之外，在一段距離之外的一切似乎都靜止不動，而更遠的物體仍然是發生紅移，看起來像是在退離。隨著時間流逝，附近的藍移星系接近的速度越來越快，靜止半徑也隨之擴大。很快地，我們就不再操心遙遠的天體，因為湧入我們太空區域的附近星系將變得不可（或者至少是非常不建議）忽視。

有件事也許可以讓我們稍微（天真地）放心，因為到那時我們已經對這類事件有了一些經驗：在這種情況下，崩潰的第一個跡象將在我們與仙女座相撞很久之後才出現。即使是最悲觀的估計，任何大崩墜事件也只可能在未來數十億年後發生——我們的宇宙已經存在了 138 億年，就未來崩潰的可能性來說，我們的宇宙絕對最多是中年。

正如我們之前討論過的，仙女座星系與銀河系的碰撞不太可能直接影響太陽系。但宇宙崩潰的開始則完全是另一回事。乍看之下可能非常相似：星系碰撞後重新排列，新恆星和黑洞燃起，一些恆星系統被拋入太空。然而，隨著時間流逝，事實會越來越駭人而清晰——正在上演的是截然不同的事情。

隨著所有星系靠得更近，合併更加頻繁，佈滿天空的星系將爆發出新恆星的藍光，巨大的粒子和輻射射流將衝破星系間的氣體。新行星可能會與這些新恆星一起誕生，也許有些行星有時間孕育出生命，但在這個混亂而崩潰的宇宙中，超新星閃光的可怕頻率可能會將新行星上的生命照射得一乾二淨。星系之間以及中心超大質量黑洞之間的重力相吸將更加劇烈，恆星從自己的星系中拋出，又被其他星系的重力吸引住。但即使在這種時候，單顆恆星的碰撞仍十分罕見，而且這種情況將持續到後期。恆星的毀滅出現在另一個過程，而這個過程也將徹底毀滅任何殘留的行星生命。

事情是這樣的。

今天發生的宇宙膨脹，不僅僅是將遙遠星系的光線拉長。它也拉長並稀釋了大霹靂本身的餘輝。上一章討論過，大霹靂最有力的證據之一是，我們**實際上可以看到它**，只要看得足夠遠。具體來說，我們看到的是來自四面八方的暗淡光芒，產生於宇宙的嬰兒期。那暗淡的光芒實際上是宇宙某些部分的直接景象，因為這些部分距離我們太遠，以致從我們的角度來看，它們仍然**在燃燒**——它們仍在經歷宇宙誕生的早期炎熱階段，那時宇宙的每一處都熾熱稠密，因沸騰的電漿而不透光，就像恆星的內部一樣。那早已燃盡的火所發出的光，從足夠遠的地方發出，一刻不停息地向我們而來，直到現在才到達。

我們之所以感受到這種低能量的漫射背景（宇宙微波背景），是因為宇宙的膨脹已經拉長並分離了單個光子，以至於它們現在只是一點微弱的靜電。它們以微波形式出現，是由於極端的紅移。宇宙的膨脹可以做到許多事情，包括吸收難以想像的煉獄熱量，不斷將之稀釋和拉長，直到它變成微弱的微波嗡嗡聲，就像老式類比電視發出的微弱靜電。

如果宇宙膨脹逆轉，輻射的擴散也會逆轉。突然間，宇宙微波背景輻射從無害的低能量嗡嗡聲發生藍移，能量和強度迅速增加，提高到令人非常不適的程度。

但這仍然不是恆星滅絕的原因。

事實證明，有某種東西可以比聚集太空本身著火的餘輝，產生更多的高能量輻射。在隨著時間流逝而演化的過程中，宇宙在誕生之初就具有相當均勻的氣體和電漿混合物，並利用重力將這些氣體收集成恆星和黑洞。[7]這些恆星已經閃耀了數十億年，它們的輻射發散到虛空後散逸，但並沒有消失。甚至黑洞也有機會發光，在落入其中的物質升溫並產生高能量粒子噴流

7　原注：還有其他小東西，例如行星和人類，但為了方便討論起見，這些可以忽略。

時產生 X 射線。恆星和黑洞產生的輻射，甚至比大霹靂的最後階段還要熱。當宇宙塌縮時，**這所有**能量會凝聚。因此，這不是什麼良好對稱的過程，像是膨脹後冷卻，然後是聚結和升溫，塌縮事實上**嚴重許多**。如果有人要求你在大霹靂之後或大崩墜之前的太空隨機點之間進行選擇，請選擇前者。[8] 恆星和高能量粒子噴流的輻射，將因為塌縮而驟然凝結並藍移成更高的能量，強烈到早在恆星彼此碰撞之前就已經**點燃恆星的表面**。核爆衝破恆星大氣層、撕裂恆星，使太空中充滿熾熱電漿。

此時此刻，情況確實非常糟糕。當恆星本身被背景光炸開時，就算有行星能倖存至今，現在也不可能躲過烈焰。從這一刻起，宇宙輻射的強度變得高到足以比擬活躍星系核的中心區域，在這些區域，高能粒子和伽馬射線從超大質量黑洞射出，其能量大到形成噴射流。在這樣的環境中，物質在被分解成其組成粒子後會發生什麼事，無人能知。塌縮的宇宙在最後階段的密度和溫度，將遠遠超出我們在實驗室中可以產生或用已知粒子理論所能描述的。有趣的問題不再是「有任何東西能留存嗎？」（因為到目前為止，很明顯地，答案是直截了當的「沒有」），而是「塌縮的宇宙能否反彈並重新開始？」

回彈宇宙先炸開後塌縮，然後不斷重覆，這樣整齊的理論頗有吸引力（我們將在第七章中進一步探討）。相較於始於虛無、又慘烈終結，循環宇宙原則上無論是回溯或向前，都可以無限

8　原注：套用傳奇樂團 D:Ream 的歌名——以後只會更精采。

回彈、無限循環，毫不浪費。

當然，就像宇宙中的萬事萬物一樣，事實證明這件事情其實複雜得多。純粹基於愛因斯坦的重力理論和廣義相對論而言，任何擁有足夠物質的宇宙，都有一個固定的軌跡。它以奇點（無限稠密的時空狀態）開始，以奇點結束。然而，廣義相對論中其實沒有一套機制，可以從結束奇點過渡到開始奇點。我們有理由相信，我們的物理理論，包括廣義相對論，都無法描述任何接近這種密度的環境條件。我們頗為瞭解重力如何在大尺度上，以及相對（哈！）弱的重力場中發揮作用，但我們不知道它如何在極小的尺度上發揮作用。當整個可觀測宇宙塌縮成一個亞原子點時，你會遇到**各種**無法計算的場強度（field strength）。我們可以相當有信心地認為，在這種特殊情況下，量子力學應該會變得重要，而且會做點**什麼**，把事情變得一團糟，但我們真心不知道那是什麼。

崩塌－炸開的回彈宇宙的另一個問題是，是什麼讓它回彈？從一個週期到另一個週期能有什麼存留下來嗎？我曾提到膨脹的年輕宇宙和塌縮的舊宇宙之間，在輻射場上的不對稱性，這裡實際上可能存在很大的問題，因為這暗示著宇宙將隨著每個週期而變得（精確的、物理意義上的）更加混亂。依照我們將在後面的章節中討論的一些非常重要的物理原理的角度來看，這使得循環宇宙不再那麼有吸引力，並且肯定更難稱得上是一個整整齊齊的「減量—回收—再利用」環保系統。

## 無形的誘惑

無論是否回彈，一個物質太多而膨脹不足的宇宙注定會崩塌，因此檢查我們在此平衡方面中處於何種狀態，似乎是個好主意。不幸的是，測量宇宙的物質含量這件事情十分複雜，因為並非所有物質都很容易看到，更別說只憑一張照片就想去判定一個星系的重量，說這是個挑戰還算是客氣了。早在 1930 年代，人們就很清楚單單只計算星系和恆星的數量注定遺漏了重點。天文學家茲威基（Fritz Zwicky）研究了移動的星系團中的星系運動，發現它們似乎動得太快，理應被拋飛到太空之中，就像小孩乘坐轉太快的旋轉木馬一樣。他認為也許存在一些看不見的「暗物質」將這一切穩住。這個想法一直被視為一種令人不安的可能性，在天文學界中流傳。直到 1970 年代魯賓（Vera Rubin）出場，斬釘截鐵地證明，如果沒有一些額外的看不見的東西，整個螺旋星系堆確實完全不合理。

在魯賓的理論以後，暗物質的證據只增不減，部分原因是我們現在知道它在早期宇宙中有多重要，但由於它顯然沒興趣與我們的粒子探測器互動，所以想直接探測依然很難。目前的主要觀點是，暗物質是某種尚未發現的基本粒子，具有質量（因此也具有重力），但對電磁力或強核力毫無反應。理論認為，暗物質也許能透過弱核力與其他粒子相互作用，為探測提供一些可能性，但其訊號很難找到，目前為止還沒人見過。我們**目前看到**的是大量的間接證據，即它對恆星和星系的重力影響，以及恆星和星系最初從原始湯中形成的能力。更好的證明是，我們可以從空間本身的形狀，看到暗物質存在的證據。

愛因斯坦的（眾多）重要見解之一，就是最好不要把重力理解為物體之間的力，而是應該理解為任何有質量的物體周圍空間的彎曲。想像一下讓網球在彈跳床表面滾動。現在，在彈跳床中間放一顆保齡球。網球落向保齡球的方式，以及當它經過保齡球時繞彎的方式，是物體在大質量存在的情況下，如何在空間中移動的良好類比。空間本身的形狀導致物體的軌跡彎曲。但受空間彎曲影響的不僅是大質量物體的路徑——就連光也會對其所穿過的空間形狀做出反應。就像彎曲的光纖電纜可以使其內部的光轉彎一樣，能彎曲空間的巨大的物體，也可以導致光在其周圍繞彎。星系和星系團成為其後方物體的扭曲放大鏡。我們關於暗物質的一些最令人信服的證據，來自於發現這種「重力透鏡」效應比我們實際看到的物質質量所能解釋的要強——這代表其中一些質量是不可見的東西造成的。事實證明，太空中有**大量**的暗物質。起初僅憑觀察可見物質來衡量宇宙中物質的嘗試，計算結果偏差了十萬八千里。在魯賓的研究出現後不久，人們才明白宇宙中的絕大多數物質都是暗物質。

但即使正確計入了暗物質，也很難確定空間中物質的密度是否位於「臨界密度」的一側或另一側；「臨界密度」指的是再塌縮宇宙和永恆膨脹宇宙之間的邊界。確定宇宙的內容只是難題的一部分；另一部分則是去弄清楚宇宙膨脹的速度到底有多快，或者說，膨脹速度隨著宇宙時間流逝如何變化。事實證明，這絕非易事。

如果想要良好測量宇宙在合理時間段中的膨脹率，你需要在一定距離範圍內調查大量星系。對於每個星系，你需要計算出兩件事——它的速度以及它與我們的實際物理距離。早在1929年，天文學家就根據哈伯—勒梅特定律，計算了**局部**膨脹率（儘管這一比例的確切數字在幾十年後一直存在爭議，並且仍是一些爭議的焦點）。但要回答大崩塌問題，我們需要知道橫跨大段宇宙時間的膨脹率，這意味著巨大的空間距離。方程式中的星系速度部分倒不是什麼大問題，因為這可以透過紅移測量來確定，而紅移測量通常相當簡單。然而，想要精確測量超過數十億光年的**距離**則困難得多。

1960年代末，天文學家利用感光板上的影像，研究星系的距離和速度，從而越來越有信心地表示，儘管還存在著許多不確定性，但宇宙注定要崩塌。這促使一些天文學家寫了一些非常令人興奮的論文深入研究那到底會是什麼樣子。那是一段令人陶醉的時光。

然而，在1990年代末，天文學家完善了一種方法，能更精確地測量宇宙膨脹，其中包括將幾種測量宇宙距離的方法串連在一起，並將其應用於極其遙遠的爆炸恆星。最後，他們拿著真實的測量數據，徹底確定了宇宙的最終命運。他們的發現幾乎震驚了所有人，為團隊的三名主導者贏得諾貝爾獎，並徹底顛覆了我們對物理學基本原理的理解。

這一發現指出，我們幾乎肯定不會在大崩墜中遭受烈火焚身的死亡，這一事實被證明是冰冷的安慰。[9]因為再崩塌的替代方案是永恆的擴張，就像永生一樣，乍聽之下不錯，細想後卻不然。從光明面來說，我們並不是注定要在啟示錄式的宇宙煉獄中滅亡。至於黑暗面嘛，我們的宇宙最有可能的命運走向，可是更令人沮喪。

9　原注：根據我們目前的理解，再崩塌並非不可能。如同我們將在下一章討論的，暗能量具有特別奇怪和意想不到的特性，可能會逆轉我們的擴張。但迄今為止的證據似乎並未指向這個方向。

# 熱寂

瓦倫丁：熱量融入其中。

（他用手勢表示房間裡宇宙中的空氣）

托馬西娜：是的，如果我們要跳舞的話就必須快點。

——史塔佩（Tom Stoppard），《阿卡狄亞》（*Arcadia*）

我最早的一個天文學記憶，是1995年《發現雜誌》（*Discover Magazine*）的封面故事，上面寫著「宇宙危機」幾個大字。因為數據呈現出不可能的狀況，也就是：宇宙似乎比它之中的一些恆星更年輕。

基於將當前的膨脹往回推斷到大霹靂，對宇宙年齡的所有精密計算都指出，宇宙年齡大約在100或120億年左右，但對附近古代星團中最古老恆星的測量，卻給出了接近150億年的數字。當然，估計恆星的年齡並不總是一門精確的科學，因此有可能會有更好的數據能證明恆星比它們看起來年輕一些，從而將差異縮小個 10 億或 20 億年。但延長宇宙年齡來解決這個問題，將會產生一個更大的問題：要讓宇宙變得更古老，就需要廢除宇宙暴脹理論——而這是自大霹靂發現以來，早期宇宙研究中最重要的突破。

天文學家還需要花上三年的時間，來梳理數據、修正理論並創造全新的宇宙測量方法，才能找到一個不會破壞早期宇宙模型的解決方案。只不過，它破壞了其他一切。最終，答案歸結為一種融入宇宙結構的新型物理學——它將從根本上改變我們對宇宙的看法，並徹底改寫宇宙的未來。

## 繪製暴動天空圖

1990 年代末期發現解決宇宙年代危機方案的科學家，並沒有試圖徹底改變物理學，而只是試著回答一個看似簡單的問題：宇宙膨脹**減慢**的速度有多快？當時的常識是，宇宙的膨脹是由大霹靂引發的，從那時起，宇宙內部所有物體的重力就一直在減慢宇宙的膨脹速度。透過測量一個數字——所謂的減速參數（deceleration parameter）——可以告訴我們大霹靂向外的動量與構成宇宙一切物質的重力向內的拉力之間的平衡。減速參數越高，重力對宇宙膨脹踩下的剎車就越重。數字高表示宇宙注定會發生大崩墜；較低則表示儘管擴張正在放緩，但它永遠不會完全停止。

當然，要測量減速參數，你必須找到一種方法來測量宇宙過去膨脹的速度，並將其與現在膨脹的速度進行比較。幸運的是，我們可以透過觀察遙遠的事物來直接看到過去，再加上宇宙的膨脹使得一切看起來都在遠離我們，這意味著測量完全是可能的。我們要做的就是先看看附近的東西，再看看遠處的東西，看它們離開我們的速度有多快，然後再應用一些數學知識。簡單！

好吧，實際操作起來一點也不簡單，因為你必須知道距離和紅移，而在深空中很難測量距離。不過，至少測量是**可能的**，儘管非常非常困難。幸好天文學家擁有龐大而多樣的工具，能測量宇宙中的事物，而就這個例子來說，事實證明遙遠恆星的災難性熱核爆炸，正好可以解決這個問題！

簡而言之，某些類型的超新星爆炸的性質有可預測的規律，可用作宇宙的里程標記。這涉及白矮星[1]天崩地裂的死亡；在白矮星忙於爆炸之前，我們的太陽在經歷行星毀滅的紅巨星階段後，最終成為了這種緩慢冷卻的恆星殘骸。然而，當白矮星增長到一定的臨界質量時（透過從伴星上拉來物質或與另一顆白矮星碰撞）[2]，

1 譯注：白矮星是太陽型質量或質量較小恆星的歸宿，當變成紅巨星的恆星露出星球內部的核心，靠自己殘留的餘溫散熱發光，就被稱為「白矮星」。白矮星會逐漸冷卻，最後失去溫度與亮度，成為不易被觀測到的黑矮星。超新星爆炸是恆星演變成中子星的過程。

2 原注：奇怪的是，截至撰寫本文時，我們實際上仍然不確定其中哪一個是發生這種情況的主要機制。我們只要看到恆星爆炸，就知道至少有一顆白矮星參與其中。

它就會爆炸。這被稱為 Ia 型超新星，它會產生一種特有的亮度升降和光譜，讓我們可以輕易地將其與其他宇宙大火區分開來。原則上，如果你非常瞭解這種爆炸的物理原理，就可以知道它在近距離的時候會有多亮，接著計入我們從這麼遠的地方看它有多亮，就可以推斷出光傳播了多遠的距離（我們稱之為「標準燭光」法，因為這就像你有一個燈泡，你知道它的確切瓦數。一旦你有了這些信息，就可以利用燈泡在遠處的亮度會依距離平方的倍數而變暗這個事實，來推斷出距離。只是我們說「燭光」而不是「燈泡」，因為這樣聽起來比較詩意）。

一旦測出了距離，接著你需要知道超新星後退的速度有多快。而你可以利用恆星爆炸所在星系發出的光的紅移，告訴你此時宇宙膨脹的速度有多快。再使用距離和光速來計算出這整個事件發生在多久之前，就可以測量出過去的膨脹率。

1998 年，就在《發現雜誌》發表文章對宇宙年齡發出警報的幾年後，兩個收集遙遠超新星觀測數據的獨立研究小組，得出了同樣完全不合理的結論：減速參數（衡量膨脹速度減慢速度的參數）為負值。擴張速度絲毫沒有放緩，而是正在加速。

## 宇宙的形狀

如果宇宙循規蹈矩，那麼宇宙膨脹所涉及的基本物理，應該就像我們在上一章中所討論的，就像將球扔到空中一樣簡單。如果扔得太慢，它會上升一點，減慢速度，停止，然後再次落下：這就像一個有足夠物質的宇宙（或足夠弱的初始大霹靂膨脹），重力獲勝，使得宇宙再次崩塌。若以快得不似凡力的速度將球扔出去，它可能會逃脫地球重力，永遠在太空中飄蕩，而且不斷在減速中，也就是在膨脹和重力之間取得完美平衡的宇宙。在此扔得更快一些，意味著它會逃脫並永遠滑行，隨著地球重力的影響越來越小而接近恆定速度，就像一個永遠膨脹的宇宙，其中沒有足夠的物質扭轉擴張，甚至無法減慢擴張的速度多少。

這些可能的宇宙類型中的每一種，都有一個名稱和特定的幾何。這個幾何並不是指宇宙的外部形狀像球體或立方體什麼的，而是一種內部的屬性——它可以告訴你，當巨型雷射光束在巨大尺度上射過宇宙時會如何表現（因為如果你想測量空間的屬性，最好是用巨型雷射光束去測量）。注定大崩墜的宇宙被稱為「封閉」宇宙，因為兩個平行的雷射光束最終會朝彼此彎去——就像地球上的經線一樣。這種宇宙的情況是，在封閉宇宙中的物質多到**所有空間**都向內彎曲。完美平衡的宇宙則是「平坦的」，因為光束將永遠保持平行，就像兩條平行線在一張平坦的紙上保持平行一樣。膨脹程度遠大於重力的宇宙，被稱為「開放」宇宙，在這種情況下，你可能已經猜到了，兩束雷射光束會隨著時間過去而逐漸分離。這裡的 2D 表面類比是馬鞍形：試著在馬鞍上繪製平行線（或者，如果你手邊沒有馬鞍，你可以用品客洋芋片代替），它們會隨著移動而變得越來越遠。這些形狀代表的是宇宙的「大尺度曲率」——整個空間被其中的物質和能量扭

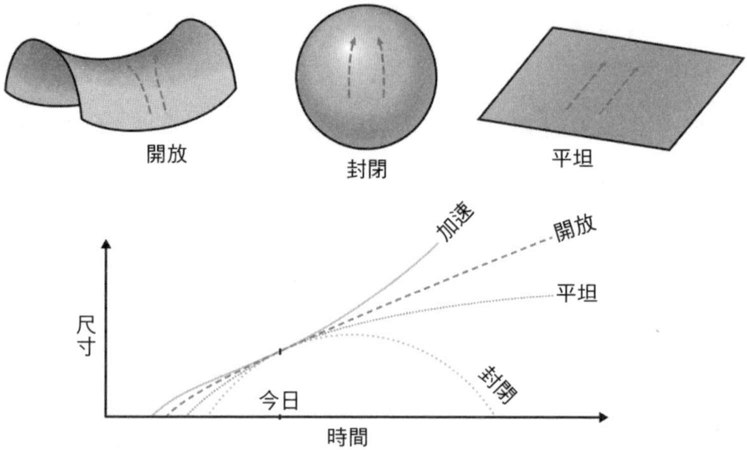


**圖 10：開放、封閉和平坦的宇宙及其隨時間的演變。**上圖顯示了三種不同宇宙模型的空間形狀。在開放宇宙中，平行光束隨著時間過去而分離。在封閉宇宙中，它們匯聚在一起。在平坦宇宙中，它們保持平行。如圖所示，不同的幾何形狀對應著宇宙的不同命運。在封閉的情況下，有足夠的重力導致宇宙再次塌縮；而在開放的情況下，膨脹獲勝，宇宙永遠膨脹。完美平衡的平坦宇宙持續膨脹，但膨脹速度不斷減緩。然而，如果宇宙中有暗能量，它的膨脹就會加速（而空間的幾何形狀保持平坦）。

曲（或不扭曲）的量。

所有這些可能性的第一個共同點是，它們在物理上都是有意義的；它們都符合愛因斯坦的重力方程式。另一個共同點是，這幾種宇宙目前的擴張都正在放緩。在進行超新星測量時，還沒有合理的物理機制可以使宇宙**加速**膨脹——這就像你把一個球扔到空中，它放慢了一點，然後突然無緣無故地一**飛沖天**一樣奇怪。就是那麼奇怪，但這次怪的是**整個宇宙**。

測量結果被檢查了一遍又一遍，但它們不斷迫使物理學家得出相同的結論。擴張正在加速。

這是令人絕望的時刻，所以他們採取了非常手段。事實上，天文學家在走投無路之下，援引了巨大宇宙能量場的存在，它可以使空間本身的真空在各個方向上產生內在的向外推力——這是一種以前未被發現的時空特性，它將使宇宙永遠膨脹，全靠自力，來自永遠存在的能源，永遠不會耗盡。即「宇宙常數」（cosmological constant）。

## 不那麼空的太空

不同於物理學基礎的大多數重大修訂，宇宙常數根本不是一個新想法。事實上，它最初是愛因斯坦的創意，[3] 而且極適用於他所推導出規範宇宙演化的重力方程式。但它是基於一個嚴重錯誤的觀念，照理說從一開始就不應該被寫下來。

愛因斯坦確實用心良苦。宇宙常數的目的是使宇宙免於災難性的崩潰。或者更準確地說，免於早該發生的災難性崩潰。身為重力領域的專家，愛因斯坦知道所有可得的數據都指向一個令人不安的結論：重力早就該摧毀宇宙了。那時是 1917 年，距離大霹靂理論被廣泛接受還有半個世紀，當時人們仍然普遍認為宇宙是靜態而不變的。恆星可以生存和死亡，物質可能會

3 原注：儘管我們這些物理學家可能會覺得承認這一點有些不甘心，但這傢伙的確有很多很棒的點子。

稍微重新排列，但太空就是「太空」——它只是其他事情發生的背景。因此，當愛因斯坦看到夜空中看似靜止的星星時，他知道宇宙遇到了麻煩。他認為，這些恆星中的每一顆都應該透過重力吸引其他所有恆星，並隨著時間流逝逐漸拉近。就算其他恆星隔得極遠也沒用；重力是一種無限而純粹的吸引力（此處應該補充說明的是，當時還不清楚是否有其他星系存在，否則他也會把這個論點應用到星系上。問題還是一樣）。在一個不變的宇宙中，你永遠不可能與某物遠到無法感受到它的吸引力，隨著時間流逝，這種吸引力遲早會讓你們靠近。愛因斯坦做了計算後指出，任何充滿大質量物體的宇宙都應該已經自行塌陷。宇宙的存在本身就是一個矛盾。

這看起來當然非常很不妙。幸好，愛因斯坦發現，他的廣義相對論有空間可以塞進一些拯救宇宙的小調整。太空中沒有任何東西可以對抗恆星的重力，但也許**太空本身**可以做到這一點。愛因斯坦已經提出一個美麗的方程式，來描述空間的形狀如何回應宇宙中所有物質的重力。為了確保萬有引力不會立即使太空塌陷，他所要做的就是決定他的方程式是不完整的，並添加一個可以在重力物體之間拉伸空間的項，以此完美平衡重力引起的收縮。這個項代表的不是宇宙的新組成部分，而是空間本身的一種屬性，其中每個空間都具有一種排斥能量。當空間很大而物質不多時（例如恆星或星系之間的空間），排斥能量可以抵消萬有引力。

成功！這個方程式奏效了。它良好地描述了一個靜態的宇宙，在其中其他恆星或星系的存在不會立即使整個宇宙崩潰。愛因斯坦又做到了。

只有一個問題：宇宙並不是靜態的。幾年後，這一點在天文學界變得顯而易見：天空中以前被稱為「螺旋星雲」的模糊光影，實際上是其他星系。不久之後，哈伯利用這些星系的紅移，來證實宇宙其實正在膨脹。只有重力的靜態宇宙注定會毀滅，但膨脹的宇宙可以透過自身的膨脹來拯救，至少暫時可以如此。重力可能會減慢膨脹速度，最終可能會扭轉它，但宇宙可以在最初的爆發式增長和膨脹的持續影響下，正常運行數十億年（膨脹是如何開始的完全是另一回事，但就眼前的問題來說，我們所需要的只是宇宙沒有苦命到**早該**被烤焦，而不管是宇宙常數或膨脹都可以解決這個問題）。

膨脹宇宙的發現意味著一種全新的宇宙論觀點，同時也讓愛因斯坦感到有點尷尬。他有些不情願地從重力方程式中刪除了宇宙常數，轉而致力於徹底改變基礎物理學的其他領域。事情就這樣發展著，宇宙的演化有了一定的合理性，直到 1998 年的超新星測量再次把一切弄得一團糟。加速膨脹意味著宇宙常數必須復活，唯一的小小憐憫是，愛因斯坦早已來不及說「我告訴過你了」。

僅僅因為宇宙常數允許宇宙加速膨脹，並不意味著它被廣泛認為是一個好的而且合理的解決方案。[4] 從理論的角度來

4　原注：看得出這是一個要求很高的領域吧，光是**拯救宇宙**還不夠。

看，沒有任何理由可以解釋，為什麼宇宙常數項有資格具有價值。除了可疑而且便於修正方程式之外，為什麼它應該存在？如果我們非得有一個宇宙常數，為什麼不選擇一個更大的值呢？宇宙擁有宇宙常數最合乎邏輯且自然的其中一種方式，應該是這個常數得自於宇宙的真空能量——這樣的虛空能量能夠解釋各種怪事，像是可以透過量子漲落而存在和消失的虛粒子（virtual particles）。但是，對量子場論所需的真空能量計算得出的數字，比太空中實際存在的宇宙常數大一百二十個數量級。如果你不熟悉這個術語，一個數量級就是 10 的倍數。一百二十個數量級，就是 $10^{120}$。即使在天文物理學中，我們有時會對數字進行快速而寬鬆的處理，但這個差異也實在太過巨大。那麼，如果宇宙常數不是理論家都知道且喜愛的真空能量量子場，那它是什麼？

這個「宇宙常數問題」其中一個建議解決方案，涉及了這樣一種假設：該常數在我們可觀測的宇宙中很小，但在極遠處可能是其他值，而我們現在所處的位置只是一個機率問題（或者不是機率，而是必然，或許截然不同的宇宙常數值，在某種程度上不利於生命和智慧的發展，也許是使空間膨脹得太快而無法形成星系）。另一種可能性是，它根本不是一個宇宙常數，而是宇宙中某種新的模擬宇宙常數的能量場，它可能會隨時間流逝而改變，在這種情況下，它有可能因為其他原因而演化成現在的樣子。

因為我們不知道它是否真的是一個宇宙常數，所以我們通常將任何可能使宇宙加速膨脹的假設現象稱為**暗能量**。請容我丟出更多術語，一種不斷演化的（即非恆定的）暗能量通常被稱為**精質**（quintessence），意思是「第五元素」，這是一種神祕的東西，在中世紀流行於哲學思考領域，現在也沒有具體多少。精質假說的一個好處是，它可以引導我們得到一個與宇宙初期的膨脹有某些相似之處的理論。我們知道，無論是什麼導致了宇宙膨脹最終停止，一個類似的「加速—膨脹—促發場」可能就此啟動，導致了我們今天看到的加速。

（精質假說的一個缺點是，理論上，一種隨時間變化的暗能量有可能猛烈地摧毀宇宙。例如，如果加速膨脹的東西現在逆轉，它就可能會導致宇宙停止並重新塌縮，宇宙還是得面臨大崩墜，幸運的是，這種情形看起來不太可能發生，不過無法完全排除可能性。）

無論如何，根據目前的觀察，暗能量看起來確實很像一個宇宙常數，即時空的一種不變的屬性，直到最近（即過去幾十億年）才開始主導宇宙的演化。在早期，當宇宙更緻密時，沒有足夠的空間讓宇宙常數（這是真空的屬性）發揮作用，所以當時的膨脹速度放緩，正如我們所預期的。但大約 50 億年前，由於持續不斷的宇宙膨脹，物質變得如此分散，以至於能引發固有宇宙常數的空間拉伸開始變得格外明顯。我們現在可以測量距離遙遠的超新星爆炸的運動，它遠到在宇宙膨脹開始加速之前就已爆炸，這意味著我們可以追蹤宇宙在何時減速，以及幾近準確地追蹤宇宙在何時轉變為加速。暗能量仍是新興且仍不穩定的領域，但到目前為止，宇宙常數的概念與數據完美吻合。

如果我們順著這一點來推論未來的結果，其實會有點諷刺。因為現在看來，愛因斯坦用來拯救宇宙的項，最終將預示著宇宙的末日。

## 無限宇宙跑步機

宇宙常數引發的末日，是一種緩慢而痛苦的末日，其特徵是日益孤立、無情的衰敗，以及長達億萬年的趨於黑暗。從某種意義上說，它並沒有使**宇宙**終結，而是終結了**宇宙中的一切**，餘下的只有空蕩虛無。

宇宙常數使宇宙走向末日的原因是，一旦開始，加速膨脹就永遠不會停止。

目前的可觀測宇宙可能比你想像的還要大。「可觀測」部分是指我們**粒子視界**（particle horizon）內的區域。有鑑於光速和宇宙年齡的限制，我們將其定義為我們所能看到的最遠距離。由於光的行進需要時間，而從我們的角度來看，距離更遙遠的物體也來自更久遠的過去，因此必須有一個與時間本身的開始相對應的距離。在這個距離上，如果光束從第一時刻出發，需要整個宇宙的年齡時間才能到達我們眼前。這定義了粒子視界，它也是我們可以觀察到的最遠距離，即使只是在原則上可以。已知宇宙大約有 138 億年的歷史，邏輯會告訴你粒子視界一定是半徑 138 億光年的球體。但這是假設宇宙為靜態。事實上，由於宇宙一直在膨脹，138 億年前距離剛好足以發射出此時到達的光的物體，現在的距離還要遠得多——大約 450 億光年。因此，我們可以將可觀測宇宙定義為以我們為中心、半徑約 450 億光年的球體。[5]

我們所能看到最近的「邊緣」是宇宙微波背景，其光的來處幾乎和粒子視界一樣遠。但在離我們更近一點的地方，我們還可以看到現在距離我們超過 300 億光年的遠古星系。然而，我們從這些星系看到的光，早在它們行經這段超長距離之前就開始穿越宇宙了。如果不是這樣，我們根本看不到它們，因為它們現在[6]發出的光根本無法到達我們眼前。事實證明，在均勻膨脹的宇宙中，距離越遠的物體退離的速度越快，不可避免地，在超過一段距離後，視後退的速度將快於光速，因此光無法追上。

「等等！」你可能會說。「沒有東西能比光行進得更快！」這個論點沒錯，但實際上並不會導致矛盾。雖然沒有任何東西能夠比光更快地**穿越**太空，但也沒有任何規則限制物體之間分離的速度，因為它們其實是靜止的，只是它們之間的空間變得越來越大。

考慮到我們實際上能看到的距離，星系目前以超光速遠離我們的距離，近得令人驚訝。我們稱這段距離為哈伯半徑，距

---

5 原注：就算你位於宇宙不同部分的不同星系中，你也會將可觀測宇宙定義為半徑約 450 億光年的球體，以你自己的位置為中心。「可觀測宇宙」是一個主觀的、字面意義上以自我為中心的概念。

6 原注：正如我們在第二章所看到的，要定義「現在」是很棘手的。

離地球大約 140 億光年。我在第三章中提過，我們可以透過物體的紅移因子來標記到物體的距離——即由於宇宙的膨脹，物體發出的光向光譜的紅色（低頻／長波長）部分移動的量。哈伯半徑內的物體有大約 1.5 的紅移，意思是自光發射以來，光波和宇宙本身已經拉伸到其原始長度的兩倍半。[7]但即使是這麼難以想像的遠距離，從宇宙學的角度來看也是近在咫尺。我們已經見過紅移值接近 4 的單一超新星。我們也已經見過最遙遠的星系紅移值約為 11，而宇宙微波背景的紅移值將近 1,100。

那麼，如果這些物體距離我們如此之遠，以至於它們正以超過光速的速度遠離我們，而且事實上是一直如此，我們又怎麼能看到這麼多這樣的物體？如果某物體以超過光速的速度移動，那麼它發出的光束就會離我們越來越遠，而不是越來越近。關鍵在於，我們接收到的光很久以前就離開了光源，當時宇宙較小，膨脹實際上正在減慢。因此，出發的時候就被空間膨脹攜帶遠離我們的光束（即使它是朝我們的方向發射的），最終能夠隨著膨脹減慢而「趕上」，並到達距離我們近到足以讓退離速度小於光速的宇宙位置。於是它從外部進入到我們的哈伯半徑。

想像一下，你站在一個很長的跑步機中間，它的速度比你跑步的速度還要快。就算你以最高速度奔跑，也會不斷落後。但如果你沒有落後得太遠，而跑步機開始放緩，你終於可以補

7 原著：宇宙的相對尺寸增加因子（relative-size-increase factor）是 1 加上紅移，因此附近紅移為 0 的物體，位於與我們的大小相同的宇宙中。

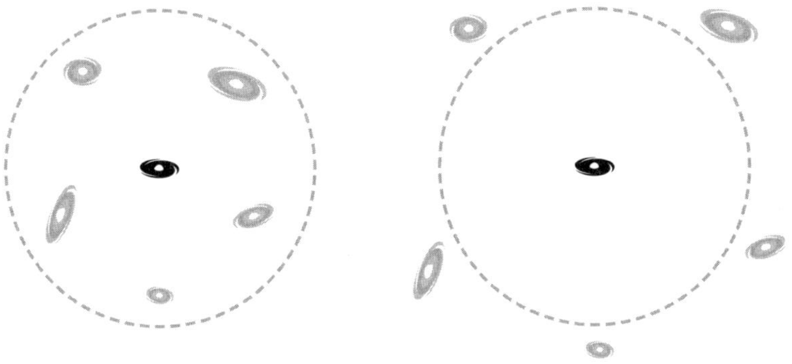


**圖 11：現在與未來的哈伯半徑。**隨著宇宙加速膨脹，目前位於哈伯半徑內的星系遲早都將位於其外。最終，除了我們本星系群之外的任何星系，都將不復得見。

上落後的距離並開始前進，不致從後端掉下來。因此，如果你身處在一個膨脹正在減慢的宇宙中，隨著時間流逝，你將能夠看到越來越多遙遠的物體，因為來自遙遠物體的光趕上了膨脹的速度。膨脹速度小於光速（哈伯半徑）的「安全區」會隨時間而擴大，並包圍先前位於其外的物體。可以說，我們的視界[8]擴大了。

然而，暗能量會毀掉一切。由於暗能量的存在，膨脹不再

---

8 原注：嚴格來說，哈伯半徑並不是物理學意義上的視界，粒子視界才是；這是一個界限，超過這個限制，我們就不可能獲得任何資訊。哈伯半徑只是**當前**膨脹速度為光速時的半徑，但它會隨時間而變化，而且正如我們剛剛所討論的，物體可以穿過進入。人們有時稱之為視界，但如果你用這個詞，許多宇宙學家會非常生氣。

減慢——事實上，在過去50億年裡它一直在加速。雖然嚴格來說，哈伯半徑的物理尺寸仍在增長，但增長速度非常緩慢，以至於膨脹將以前可見的物體拉到了哈伯半徑之外。我們可以看到極其遙遠的物體，它們的光線在膨脹開始加速之前就進入了我們的哈伯半徑，但任何光線不在安全區域的物體都將永遠無法看見（稍後會詳細說明）。

即使沒有暗能量讓事情變得更複雜，膨脹的宇宙也可能是一件讓人腦袋打結的事。[9]

宇宙正在膨脹的事實，意味著它以前更小：可以。

宇宙以前更小的事實，意味著現在遠處的東西以前更近：還行。

反過來說，這意味著我們目前可以看到的非常遙遠的星系，數十億年前就在附近：好吧。

很久很久以前，那個星系射出了一束光，儘管它是朝我們而來，但它最初是在不斷退離我們，但從我們的角度來看，它有點像是停了下來然後轉向，現在才到達我們這裡：當然，就某個觀點來說，這可能是有道理的。

**但接下來就更奇怪了**。

我很抱歉用喊的，真心抱歉。但我不會粉飾這一點。宇宙**怪透了**，而且哈伯半徑可觀測宇宙這件事對這種怪異貢獻很大，它讓奇怪到不行的事情發生。現在我要告訴你，我所知道

---

9　原注：顯然不是字面意義的。這是不可能的，也是極不可取的。

的關於宇宙學最讓人摸不著腦袋的怪異之處。你知道當某物距離很遠時，它看起來會更小嗎？這是一件完全正常的事。距離越遠的東西，看起來就越小。從飛機上看人顯得很小。遠處的建築物用拇指就可以擋住。每個人都知道這一點。

難道宇宙裡不是這樣？倒也不是。

有一段時間，當然，越遠的東西就越小。對我們來說，太陽和月亮看起來一樣大，因為儘管太陽大得多，但它距離我們也遠得多。對於數十億光年來說，星系距離越遠，看起來就越小。正如你所預期的。但差不多在哈伯半徑附近的地方，這種

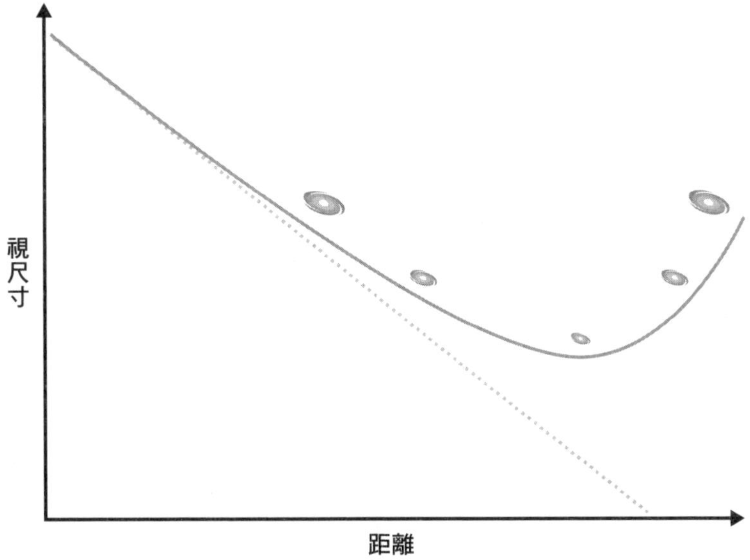


**圖 12：遙遠星系的視尺寸（假設物理大小相同）與我們距離的函數關係。**在一定距離外，遙遠的星系會顯得更小，但在某個時刻，這種情況會逆轉，更遠的星系在天空中看起來會更大。虛線表示靜態宇宙中視尺寸與距離的關係。

關係**倒轉了**。超出這個距離後，距離越遠，看起來越大！當然，這對我們天文學家來說超級方便，因為它使我們能夠看到距離我們極遠的星系的結構和細節，而在一個合理的宇宙中，它們原本應該看起來就像無窮小的點。但如果我們稍微深思一下，這裡面的幾何學運作完全說不通。

這種逆轉的原因，與我們能夠看到當前正在以超光速遠離我們的事物有關。在過去，光芒發出的時候，它們距離更近。事實上，它們近到佔據了更多的天空。儘管它們現在的距離遠多了，但它們發送給我們的「快照」一直在行進，到現在才到達我們身邊，向我們展示了一個更近物體的鬼影。時間越早，宇宙就越小。因此超過某一點後，「過去的宇宙較小」和「光需要一定的時間才能到達這裡」之間的平衡，會使得一個**現在**比另一個星系更遠的星系，在它的光發射時實際上離我們**更近**。

看吧，我警告過你這很怪。

不管怎樣，如果這一切都令人非常困惑和難以置信，那是完全正常的。也許你可以試著在餐巾紙上畫一些草圖，再將餐巾向各個方向伸展，同時在某種無限跑步機上以極高的速度跑個數十億年，這樣就能搞懂了。說到這裡，我們該回到這一切對未來的存在意味著什麼了。因為情況實在不妙。

## 慢慢趨向黑暗

「暗能量毀滅一切」的說法並不誇張。矛盾的是，一個膨脹加速的宇宙，其內部事物所能施加的影響卻在縮小。因宇宙膨脹而被拖出哈伯半徑的遙遠星系，將不復得見。我們現在可以看到其遙遠過去的星系，將像陳舊爛去的照片一樣慢慢消失在黑暗中。在我們自己的宇宙鄰居中，銀河系和仙女座星系合併後，我們小小的本星系群將變得越來越孤立，被黑暗和即將消逝的原始光包圍。在整個宇宙中，我們看不見的其他星系群和星系團，將合併形成巨大的橢圓形恆星團，在最初的猛烈碰撞中明亮地燃燒，但最終會化為餘燼，其輝光永遠不會超出它們自己那一圈不斷膨脹而空蕩的空間。

最終，每一個新的或垂死的超級星系都將完全孤獨。再也沒有什麼能靠近，並帶來新鮮的氣體為新恆星提供燃料。原本閃耀的恆星將會燃燒殆盡，爆炸成超新星，或者更常見的：外層脫落，成為緩慢燃燒的遺跡，在數十億或數萬億年的時間裡逐漸冷卻。黑洞在一段時間會內成長。有些會吞沒星系中死去的恆星殘骸；有些會停止成長，因為沒有新物質靠近供作消耗。

當群星全部趨向黑暗時，最終的衰變就開始了。

黑洞開始蒸發。

科學家原本認為黑洞是永恆的——能夠透過消耗其他物質而成長，但永遠不會失去任何質量。將一個被定義為「連光也無法逃脫的東西」看成單向的無底洞，確實有其道理。但霍金在 1970 年代計算出，黑洞視界上的量子效應，會導致黑洞發出微弱的光。既然輝光帶走了能量——也就是質量——黑洞就會收縮。這個過程一開始進展緩慢，接著會變得更快、更亮、更熱，直到最後爆炸並消失。即使是星系中心的超大質量黑洞，其質量是太陽的數百萬或數十億倍，也注定終會黯淡消失。

普通物質——構成恆星、行星、氣體和塵埃的物質——也有類似的命運，只不過沒有那麼戲劇性。

我們已知大多數物質粒子在某種程度上都是不穩定的。如果放置的時間夠長，它們就會腐爛成其他東西，在過程中質量和能量都會下降。例如，中子最終會衰變為質子、電子和反中微子（antineutrino）。雖然我們從未在實驗中見過質子衰變，但我們有理由相信，如果你願意等待 $10^{33}$ 年，這種情況也有可能發生。到那時，即使是自大霹靂以來一直作為宇宙中數量最多的原子的氫原子，最終也將不復存在。

一個由宇宙常數形式的暗能量規範的宇宙，其遙遠的未來將是黑暗、孤立、空虛和衰變的。但這種緩慢的衰退只是最終結局的開始：熱寂（Heat Death）。

「熱寂」這個名字聽起來可能有點用詞不當，因為此時宇宙的狀態將比造物史上的任何東西都更冷、更黑暗。在這裡指的「熱」是一個技術上的物理術語，不是指「溫暖」，而是「粒子或能量的無序運動」。而且不是熱之死，而是因熱而死，尤其是這種無序會殺死我們。這就是為什麼我們需要花點時間來討論熵（entropy）。

熵也許是所有科學中最重要、最通用卻也最晦澀難懂的主題。它無所不在——不僅從氣球到黑洞的物理學中有它，就連電腦科學、統計學、甚至經濟學和神經科學中也有它。熵通常用無序性來解釋。一個系統越無序，熵越高。一堆拼圖的熵比完整拼圖的熵高；打散雞蛋的熵比完整的雞蛋高。在「無序」不是立即明顯的屬性的情況下，你可以將熵視為在一個系統中，各元素的自由或不受約束程度的度量。具體來說，一幅拼好的完整拼圖具有低熵，因為只有一種排列方法可以使拼圖完整，而一堆拼圖片不管用什麼方法堆，都能成功地構成一堆。

儘管在這些例子中不那麼明顯，但較高的熵也與較高的溫度有關。只要想一想冰塊和蒸汽雲之間的區別就能明白。為了成為冰，水分子必須排列成晶體結構，而蒸氣中的顆粒可以在三個維度上自由移動。但即使只是稍微冷卻蒸氣也會降低其熵，因為粒子移動較少。它們受到更多約束，或更少無序。

從宇宙的角度來看，熵的重要之處就在於，它會隨著時間而增加。熱力學第二定律[10]指出，在任何孤立系統中，總熵只會增加，不會減少。換句話說，秩序不會自發性地憑空出現，如果你把某樣東西放任不管夠長一段時間，它就會不可避免地會退化為無序狀態。任何試圖保持辦公桌整潔的人都明白這一點，這是宇宙中最直觀、最令人抓狂的自然法則。

---

10 原注：其他定律就沒那麼令人激動了，不過它們的確是從零開始編號，很怪吧。簡而言之，它們是第零定律，如果有一樣東西與第二樣東西處於熱平衡，而第三樣東西與第二樣東西也處於熱平衡，則它們三者都彼此處於平衡狀態。第一定律：能量是守恆的，永動機是不可能的（抱歉）。第三定律：當某物接近絕對零度時，其熵接近定值。

宇宙本身是否算作一個孤立的系統或許是個值得討論的問題，但如果把宇宙視為一個孤立的系統，會讓我們得出這樣的結論：宇宙的未來不可避免地會增加混亂和衰變。事實上，熱力學第二定律被認為是如此不可避免而基本，甚至被歸咎為時間流逝本身的原因。

物理定律通常不考慮時間的方向；在大多數情況下，反轉方程式中的時間項，對物理學來說沒有什麼影響。物理學中唯一看似關心時間方向的部分是熵。事實上，我們能夠記住過去而不是未來的唯一原因，可能是因為「事情只會變得更糟」是一個如此普世的真理，以至於它塑造了我們所知的現實。

「可是等等！」你可能會說：「我完成了拼圖！我創造了秩序！我剛剛是不是把時間箭頭逆轉了？」

不完全是。拼圖不是一個孤立的系統，你也不是。嚴格來說，任何局部熵的增加，都可以透過足夠的努力來逆轉。雖然會很困難，但如果你投入足夠的時間和一些極其複雜的實驗室設備，你的確**可以**反打散雞蛋。但總熵總是會上升。就拼圖而言，你要將各個碎片拼湊在一起需要消耗能量，也就是你要分解食物中的化學物質，並將熱量和廢物（比如二氧化碳）釋放到環境中。這會使房間升溫，產生顆粒廢物，在拼圖時還可能弄皺你的衣服。我不知道雞蛋反打散機會對周圍環境產生什麼影響，但我很確定當它運行時，我不會想和它待在同一個封閉的房間裡。

順帶一提，這就是為什麼打開冰箱門最終會讓整個廚房變得更熱，也是空調會導致全球暖化的原因。想讓世界的某些部分屈服於我們意志的每一個企圖，都會在其他地方造成混亂，而且通常會以熱的形式。

儘管熵在雞蛋、冰箱和空調上還算有些有趣的應用，但要是把**黑洞**也加進來，一切都會變得奇怪**許多**。

早在 1970 年代，物理學家就熵進行了許多討論，討論**整個宇宙**的熵如何隨時間而增加，以及這可能會產生什麼影響。在此同時，年輕的、還不太出名的霍金，和更年輕的博士後研究員貝肯斯坦（Jacob Bekenstein）正在思考黑洞，想知道這些奇怪而不可避免的時空垃圾處理場，是否會對熱力學第二定律造成嚴重破壞。例如，如果你使用反打蛋機來反打散雞蛋，然後將雞蛋收進口袋，同時將整個凌亂發熱的反打蛋機實驗室扔進最近的黑洞會怎麼樣？你是否透過將雞蛋重新組合在一起，並消除在此過程中產生的所有熵，而減少了宇宙的整體熵？畢竟，黑洞被定義為連光都無法逃脫的物體，它的質量如此之大、結構如此緊密，以至於它的重力使往外的光線倒轉，回到中心奇點。黑洞的事件視界（event horizon）邊緣，就是重力上的不歸路，一旦進入，任何東西——無論是光、資訊或熱——都無法逃脫。只要將熵隱藏在黑洞事件視界之後，就可以達成完美犯罪了嗎？

不管你想打破物理學的哪一部分，都別想挑戰熱力學第二定律。事實證明，黑洞熵問題的解答，改變了我們自認為對黑洞瞭解的一切，對熵的認知則是無可動搖。你無法將熵隱藏在黑洞中，因為黑洞有自己的熵。這意味著黑洞有溫度（它產生熱量），還意味著黑洞根本不是黑色的。

貝肯斯坦和霍金最終得出關於黑洞的結論是，黑洞必須具有與之相關的熵，才能根據第二定律而存在。由於每次吞噬某些東西時，熵都會增加，因此熵與黑洞本身的大小有關——具體來說，是與事件視界的總表面積有關。將冰箱丟進黑洞，黑洞的質量會隨著冰箱的質量而增加，增加視界尺寸，從而增加表面積。[11]

沒有溫度就不可能有熵，這一事實意味著黑洞必定會輻射出某些東西（也就是粒子和輻射線）。而唯一**可以**輻射的地方，是事件視界之上或緊臨事件視界之外，因為任何東西一旦進入黑洞，就不可能出來了。

幸運的是，如果我們需要物理學中的怪異，量子領域永遠不會讓我們失望。這一次，霍金利用了虛粒子的量子怪異性來推論——虛粒子是成對的正能量和負能量粒子，會從真空中突然出現和消失。[12] 原理在於這種時空爆米花**恆常發生**，無所不在，但通常對任何事物都沒有影響，因為這一對粒子一出現就會立即相互湮滅，再次同時消失。但是霍金說，在黑洞附近，

11 原注：這不是有形的表面，而是一個空間中的球體，由黑洞中心到「史瓦西半徑」（Schwarzschild radius）的距離定義，也就是我們所說的從奇點到視界的距離。史瓦西半徑與黑洞的質量直接相關。

12 原注：實粒子（real particle）不可能帶有負能量，但這些是虛粒子，是一種完全不同的怪物，請不要與電子等帶負電的粒子混淆。

可能會出現負能量虛粒子落入視界之內的情況，留下孤孤單單的正能量虛粒子，以至於它變成了實粒子並飄走。當黑洞吸收了這一點負能量時，其質量會稍微減少，而等量的正能量似乎會從黑洞視界輻射出來。因為這些虛粒子總是在太空中的任何地方突然出現，所以任何不主動從其環境中吸收物質的黑洞，應該都會透過這種蒸發過程逐漸流失質量。

聽起來可能很複雜，但其實這已經是大幅簡化後的說法，只用來傳達基本概念而不涉及**太多**技術性；而且這也是對外一直通用的解釋。但我總覺得這種說法不夠周詳，因為前提似乎是負能量粒子傾向於落向黑洞，而正能量粒子則有足夠的能量逃離黑洞。事實證明，儘管霍金用這種方式向大眾講解，但他從來就沒打算讓人從字面上去解讀，真正的解釋涉及計算波函數和波在黑洞附近經歷到的散射。如果不丟出大量的數學和一定程度的物理闡述，我也無法真正說明，而這可能需要兩三個學期的每週講座才夠，但我提出這件事，是因為如果它困擾我，它可能也會困擾你。我也想向你保證，儘管這種通俗的類比可能不夠充分，但如果你使用廣義相對論和量子場論嚴格地進行所有計算，那麼完整的計算結果**確實**是合理的。

我在這裡小小岔題的目的是想說，我們可以有把握地假設，當面對熱寂時，黑洞確實會蒸發掉，只留下一點輻射，在日益空虛的宇宙中擴散。我希望這有幫助。

此外，除了所有黑洞終將毀滅之外，視界的輻射能力以及能解釋其所含物質的熵，實際上是熱寂的必要部分。因為我們可觀測的宇宙也有一個視界，而我們就在裡面。

## 最大熵

受宇宙常數束縛的宇宙，是一個正無情走向黑暗和空虛的宇宙。隨著膨脹的加速，會有更多的空無空間，從而產生更多的暗能量，導致更多的膨脹，無休無止。最終，當恆星燃盡、粒子衰變、黑洞全部蒸發時，宇宙基本上是只剩宇宙常數、空無一物的空間，呈指數級膨脹。我們稱之為「德西特空間」（de Sitter space），它的演化方式與我們認為的早期宇宙在暴脹期間的演化方式相同。只是，暴脹最終停止了。如果暗能量確實是宇宙常數，那麼膨脹就不會停止，宇宙將繼續以指數方式永遠膨脹。

那麼，如果這樣的宇宙繼續膨脹，它真的會終結嗎？為了回答這個問題，我們必須更深入研究熵和時間箭頭。

每當一顆恆星燃盡、一個粒子衰變或一個黑洞蒸發時，它都會將更多物質轉化為自由輻射，這些輻射以熱的形式在宇宙中傳播：純粹的無序能量。將某些東西化為熱輻射，就是將其熵調到最大，因為現在能量的流動不再受到限制。隨著宇宙變得更加空曠，輻射變得更加稀釋，你可能會認為總熵應該隨著溫度的下降而下降。但並不是這樣的。

運作原理是這樣的：當宇宙達到穩定指數膨脹的狀態時，你可以定義一個半徑（無論你在哪裡），超出這個半徑，宇宙的其餘部分將永遠不得而見。從某種意義上說，它是一個真正的分際線，超越它的任何東西都無法到達你的身邊。事實證明，這個視界，就像黑洞的視界一樣，也有與之相關的熵，因此也有溫度。它們的不同之處在於，熱量不是像黑洞那樣散發**出去**，而是**進入**。這個溫度非常小——大約比絕對零度高 $10^{-40}$ 度——但是當其他一切都衰變後，這種輻射就是剩下的包含宇宙所有熵的東西。當宇宙達到這種純粹的德西特狀態時，它就是一個**最大熵宇宙**。從那一刻起，宇宙的總熵不可能再增加，這意味著，從非常真實的意義上來說，時間箭頭……沒了。

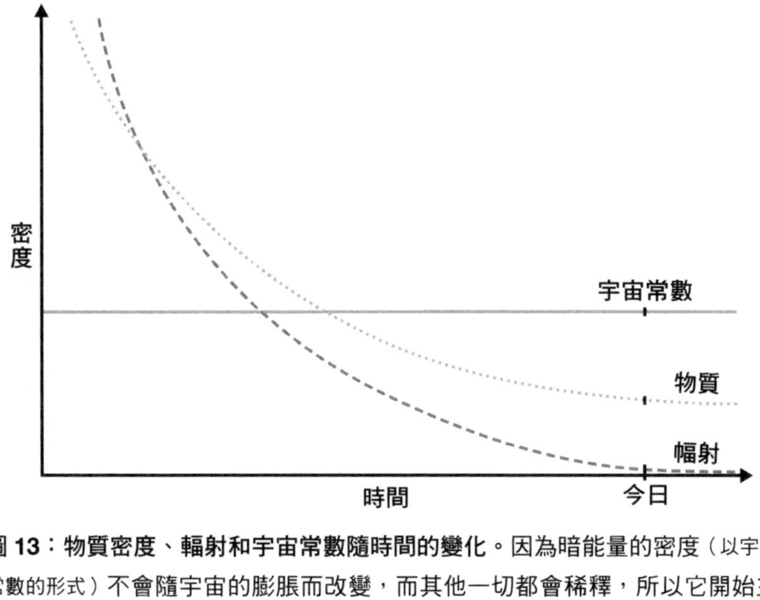


**圖 13：物質密度、輻射和宇宙常數隨時間的變化。**因為暗能量的密度（以宇宙常數的形式）不會隨宇宙的膨脹而改變，而其他一切都會稀釋，所以它開始主導宇宙的能量密度。今日，暗能量約佔宇宙的 70%，物質約佔 30%，而輻射則微乎其微。

請容我再次重申，時間箭頭和熱力學第二定律，對宇宙的運作是絕對不可或缺的，如果熵無法上升，那麼**什麼都不會發生**。任何有組織的結構都不再可能存在，任何演化都不再可能發生，任何有意義的過程都不再可能發生。任何實際發生的事情的一個必要部分，就是能量從一處轉移到另一處。如果熵不能上升，那麼能量就不能從一處流動到另一處而不立即回流，從而抹除了任何可能偶然發生的事情。能量**梯度**（gradients）是生命的基礎，也是執行任何類型工作的任何其他結構或機器的基礎。在一個就像巨大（但非常冷）熱浴缸的宇宙中，不可能存在能量梯度。熱根本沒有用。熱就是死寂。

有一些警語。

說明確一些，這不是「嗯，從技術上講有這個小細節」類型的警語，而是「天哪，這改變了一切」類型的警語。

這一次，怪異之處在於物理學中稱為**統計力學**的部分。當我們需要談論溫度之類的東西時，我們就會使用它。溫度實際上只是粒子系統中的運動量，而不需要煞費苦心地單獨描述每個粒子的路徑。統計力學是第二定律真正發揮作用的地方，因為它讓你只用一個重要的特性，就可以描述一個大而複雜的系統：它的熵。但它也帶來了一條「出路」。關於熵總是增加是宇宙不可避免的定律這一點，嚴格來說，僅適用於足夠大的尺度上的平均情況。在**量子**尺度上，甚至在你等待足夠長時間後的大尺度上，不可預測的漲落會時不時自發性地將系統的某些部分隨機轉變為較低熵狀態。系統越大，漲落發揮作用的可能性就越小，但在一個永恆膨脹且只包含宇宙常數的宇宙中，有大量的時間和空間等待極低機率事件的發生。一頭鯨魚和一盆矮牽牛，**不太可能**在完全空曠的空間中突然出現，但原則上，如果你等待足夠長的時間，這是有可能發生的。

這可能會派上用場。如果有東西可以在熱寂之後自發性地突然出現，為什麼另一個宇宙不能呢？

這個想法並不像聽起來那麼牽強。統計力學的一個原理是，如果你等待足夠長的時間，粒子系統的任何排列都可能再次發生。假設你有一個盒子，裡面裝滿了隨機移動分子的氣體，你在某個時刻給它們拍了一張快照，並記下它們所處的位置。如果你觀察這個盒子很長一段時間，你遲早會發現分子再次落在那些位置上。組態的可能性越小，需要的時間就越長，因此像所有粒子都擠在盒子右下角這樣非常罕見的事件，需要更長的時間才能再次出現，但原則上仍然只是時間問題。這稱為「龐加萊復現」（Poincaré recurrence）。如果你有無限的時間來運作，那麼系統可以處於的任何狀態**都會**再次出現，而且是無限次，復現的時間由該組態的罕見或特殊程度決定。在一個相當引人注目的例子中，物理學家阿吉雷（Anthony Aguirre）、卡羅爾（Sean Carroll）和約翰遜（Matthew Johnson）曾經計算過，如果你願意等待宇宙年齡一萬億萬億倍的時間，就可以在一個看似空蕩蕩的空間裡看到整架鋼琴自行組裝出來。

熱寂後的宇宙，本質上是一個非常大、稍微暖和的盒子，統計力學的介入提供了隨機漲落。如果大霹靂是宇宙曾經存在過的一種狀態，而熱寂後的宇宙是永恆的（永恆到失去時間箭頭，過去和未來都毫無意義），那麼沒道理大霹靂就不能從真空中漲落而出，重啟宇宙。

堅持住。還有更奇怪的，而且更加切身相關。

如果宇宙曾經所處的每一個狀態，都可以透過隨機漲落而重現，那就意味著**現在的這一刻**可能會再次發生，絲毫不差。它不僅可以再次發生，而且可以**無限次發生**。

宇宙學家阿爾布雷希特（Andreas Albrecht）對這種可能性特別感興趣，他撰寫了他所謂德西特平衡狀態的相關文章。德西特空間平衡版本的基本思想是，我們的宇宙的起源以及其中發生的一切，都可以被認為是僅包含宇宙常數的永恆膨脹宇宙隨機漲落的結果。有時，宇宙會從熱浴中漲落進入非常低熵的起始狀態，然後向前演化（熵增加），直到達到自己的熱寂狀態，衰變回背景德西特宇宙。有時，這種漲落不會產生大霹靂，它只會重現上週二的情況——就是你的腳趾不小心撞到廚房的桌子，把整杯咖啡灑在地板上的那一刻。就是那一刻。以及你生命中的每一個其他時刻。還有其他人的。

如果這聽起來像是一個隱約有些耳熟的反烏托邦景象，那可能是因為它與尼采在 1800 年代末提出的噩夢思想實驗驚人地相似。他在《快樂的科學》（*The Gay Science*）一書中寫道：

> 如果有一天或有一夜，一個惡魔偷偷地跟著你，進

入你最孤獨的孤獨，並對你說：「你現在過的這種生活，一直以來所過的生活，你將必須再活一次，乃至於無數次；而其中了無新意，你生命中的每一道痛苦、每一道快樂、每一種想法和嘆息，以及生命中大大小小的一切，你都將再次體驗，以同樣的連貫和順序甚至是這隻蜘蛛和樹影間的月光，甚至是這一刻和我。存在的永恆沙漏一次又一次地倒置，而你在其中，有如塵埃！」

難道你不會跪倒在地，咬牙切齒地咒罵說出這番話的惡魔嗎？或者你是否曾經經歷過一個偉大的時刻，當時你會回答他：「你是神，我從來沒有聽過比這更神聖的事。」如果這個想法佔據了你，它將改變你整個人，甚至可能摧毀你。任一事物及一切之中隱含的問題：「你是否渴望這件事再次發生，無數次？」將沉甸甸地壓在你的行動上。或者說，你必須對自己和生活抱持多麼好的心態，才能對這終極永恆的確認和封印，有著無與倫比的渴望？

沉重。

對尼采來說，這個提議的要點與熱力學無關，而是與人類生命的意義、目的和經驗的檢驗有關。他可能從未想過這種情況有可能**實際上是真實的**，正如德西特均衡假說所提出的。

你可能會爭論說，這些場景並不完全相同。重現你撞到腳趾經歷的量子漲落，可能會產生在每個細節上都與你一模一樣的東西身上，但到那時你作為一個實體早已死去。但這又引發了關於**你**意味著什麼的問題。原子的精確配置是你，還是你的意識中有一些不可言喻而持久的東西，永遠無法被一點一點地重新創造？這個問題在科幻小說迷中引發了關於傳送的激烈爭論，例如柯克船長是否在每次踏入傳送光束時都被殘酷地謀殺，然後被一個錯誤地認為自己是他的複製者冒名頂替。我們不太可能在這裡回答這個問題。

但它確實為量子漲落重生的場景帶來了另一個問題——這個問題與傳送問題關係的密切程度，就如同與抹香鯨和矮牽牛之間一樣關係密切，關鍵在於一種量子力學唯我論。一個稱為「波茲曼大腦」（Boltzmann Brains）的問題。

這個想法是，如果整個宇宙有可能因為量子力學漲落而無中生有，那麼只有一個星系的可能性更大，因為單一星系的複雜度更低，無中生有所需的物質也更少。如果單一星系更有可能憑空出現，那麼單一太陽系或單一行星出現的可能性又更大。事實上，更有可能的是，唯一從空無中波動出現的是一個人類大腦，它包含著你所有的記憶，正在想像自己生活在一個完美運作的世界上，目前正在坐在咖啡店裡，敲下一本關於宇宙終結的書的第四章文字。

波茲曼大腦問題的主張是，這個不幸的大腦（因其注定會在誕生後幾乎立即因量子漲落而憑空消失）比起整個宇宙，出現的可能性高出許多，如果我們想靠隨機漲落來構建我們的宇宙，我們必須承認，一切都出自我們想像的可能性大太多了。

這個問題還沒有定論。儘管阿爾布雷希特率先提出在這種情況下的波茲曼大腦問題，但他現在認為，德西特宇宙更有可能創造出像大霹靂這樣的非常低熵的狀態，而不是隨時可能被再吸收的小東西。其基本論點是，創建一個低熵狀態看起來好像需要大量的量子漲落能量，但實際上只需從系統的總熵中取出一點點就可以了。許多宇宙學家則抱持相反的立場，說漲落創造出處於相對較高熵的狀態，會比創造出熵非常非常低的孤立區塊更容易。如果這個問題有了定論，就等於找到了宇宙起源其中一種情況的竅門，對於我們人生中最尷尬那一幕是否會無限地回放，也可以感到安心或死心。

對於一些宇宙學家來說，瞭解我們如何從早期宇宙的低熵狀態開始，並徹底確定我們是否必須擔心波茲曼大腦或龐加萊復現的問題，動搖了宇宙學的基礎模型。為了找到一種建立低熵初始狀態的方法，有人提出了全新的宇宙歷史假設（我們將在第七章中討論），不過這個議題離定論還遠得很。漲落的可能性對於我們心目中合理宇宙的想像，殺傷力之大，以至於卡羅爾將其描述為「認知上的不穩定」。這並不是說它不可能是真的，而是說如果它是真的，那就沒有什麼是有道理的了，我們還不如乾脆放棄嘗試理解宇宙。對此，目前尚無定論。

如果一顆有知覺的大腦憑空出現又消失的可能性不至於讓你心煩意亂，那麼罕見的隨機漲落的可能性，在某種意義上，可以從熱寂的虛無混亂中拖出某種秩序。但即使是以這種最樂觀的觀點，一個由宇宙常數主導的宇宙，也無疑會使生活在其中的任何生物注定毀滅，因為每一個連貫的結構都注定會陷入黑暗、孤獨的空虛和衰變。在發現暗能量之前，像戴森（Freeman Dyson）這樣的物理學家提出了推測性的建議，即一台不斷變慢的機器可以在宇宙的未來中持續任意長的時間。[13]但即使是這樣理想的機器，也會透過第二定律受到熵的侵蝕，最終在面臨德西特視界時分解成廢熱。實現最大熵（真正且永恆的熱寂）的時間尺度，取決於我們對質子衰變時間的估計，而這一點仍不確定。儘管如此，距離我們和所有其他有思想的結構從被記憶的可能性中徹底消逝，可能還有大約 $10^{1000}$ 年的時間。

事情有可能更糟。

就暗能量來說，一個良好、穩定、可預測的宇宙常數，已經是最好的情況。我們無法排除其他可能性，其中一種——幻影暗能量——會導致更戲劇性、更直接、從某種意義上更終結的事情：大撕裂（Big Rip）。

13 原注：你可能是從科幻概念「戴森球」中聽過戴森的名字，戴森球是包圍恆星建造的巨大球體，可捕捉百分之百的恆星輻射，為先進的外星文明提供動力。對戴森球的觀測調查，旨在尋找戴森球在紅外線中釋放的廢熱，但迄今為止一無所獲。

# 大撕裂

我一直在想在某個地方的這條河，水流得很快。

有兩個人在水裡，試圖握住對方的手，

他們用盡全力握緊對方，但最終還是力不從心。

水流太強了。他們不得不鬆開手，飄零而去。如同我們。

——石黑一雄（Kazuo Ishiguro），《別讓我走》（*Never Let Me Go*）

對於一個可以說是最重要的宇宙現象來說，暗能量的研究異常困難。據我們所知，它存在於宇宙中的任何地方，完全均勻地交織在空間本身的結構中，其唯一作用是將空間逐漸拉伸，以至於它對任何小於遙遙相距的星系之間廣闊範圍的尺度，都沒有可檢測到的影響。暗物質物理學家的工作就簡單多了——儘管暗物質和暗能量一樣不可見，但暗物質透過聚集於我們所見過的幾乎每個星系或星系團周圍、控制重力場、彎曲光線和改變顏色，而使其存在廣為人知。而暗能量就只是……膨脹。

也不是說我們就完全無法研究了。對於暗能量，我們基本上可以從兩處著手：宇宙的膨脹歷史，以及星系和星系團隨時間增長的方式。對於這兩者，我們都在凝視遠方和過去，追蹤宇宙隨時間的演變。但無論我們怎麼看，我們都是在嘗試使用微弱的訊號和統計數據來梳理出微小的影響。

儘管這類研究非常困難，但仍然值得努力，因為暗能量既是宇宙的主要組成部分，也是超越我們目前理解的某些新物理學的明確標誌。

這一點，以及取決於暗能量可能的真面目，它可能會猛烈而不可避免地毀滅宇宙，速度比任何人想像的都要快得多。如果暗能量災難會像「大撕裂」一樣突然而戲劇性地發生，為什麼要等待熱寂的緩慢消退呢？無論是否存在量子力學漲落，暗能量帶來的災難不僅是一種無處可逃的破壞，還可能撕裂現實的結構，使宇宙中任何有思想的生物，只能無助地看著宇宙在身旁被撕開。

這種令人驚恐的可能性，並不是什麼異想天開的邊緣想法。事實上，我們手上最好的宇宙學數據不僅未能排除這種可能性，而且從某些角度來看，還稍微傾向於這種可能性的發生。因此值得我們花一些時間探索，暗能量到底會對我們產生什麼影響。

## 宇宙學非常數

暗能量通常被認為是一種宇宙常數，它可以拉伸空間，透過使宇宙具有某種固有的膨脹傾向來加速宇宙膨脹。從大尺度來看，這是一個很好的描述。但在星系、太陽系之內或結構物質附近，宇宙常數沒有任何影響。它可以更恰當地被想成是一種孤立的力量——如果兩個星系已經彼此遠離，它們就會變得更加遙遠，並且隨著時間過去，單個星系、星系團或星系群會發現自己越來越孤獨。在宇宙常數存在的情況下，它們的形成速度也比較慢一些。宇宙常數**不能**分開任何（在任何意義上）已經是連貫結構的東西。**重力所結合的，宇宙常數不可分開**。

宇宙常數會留下這種小憐憫（畢竟它最終仍會毀滅整個宇宙）的原因，在於故事中的「常數」部分。如果暗能量是一個宇宙常數，那麼它的定義特徵，就是空間任何特定部分的暗能量密度，即使空間膨脹，仍然隨時間流逝而保持恆定。在任何特定的空間體積中，膨脹率不是恆定的，恆定的是它本身的密度。如果空間的每一點都自動分配一定數量的暗能量，這在某種程度上是有道理的，但這仍然**非常奇怪**，因為這意味著隨著空間變大，暗能量的數量會增加以保持密度恆定。這也意味著，如果你在宇宙中的任何地方畫一個特定大小的球體，並測量球體內暗能量的數量，然後在未來的某個時間做同樣的事情，你總是會得到相同的數字，無論同一時間外部宇宙已經膨脹了多少。如果你原來的球體包含一個星系團和一定量的暗能量，那麼 10 億年後，該區域的暗能量數量仍然相同，所以如果這些能量之前還不足以擾亂星系團，那麼以後也不會。即使宇宙的其餘部分似乎無情地變空，該球體中物質和暗能量之間的平衡也不會有明顯的變化。

這讓人放心。如果你碰巧是宇宙中的一團物質，並且你想形成一個穩定且受重力束縛的星系，那麼你可以安心，一旦你聚集了足夠的物質來建造一些東西，暗能量不會毀掉你的勞動成果。

除非，暗能量是比宇宙常數更強大的東西。

正如我們在前一章中所討論的，宇宙常數只是暗能量的一種可能性。我們對暗能量唯一確知的是，它能讓宇宙膨脹得更快。或者更準確地說，它具有**負壓**。負壓是一個奇怪的概念，因為我們一般認為壓力是向外推的東西。但以愛因斯坦的廣義相對論來看待宇宙時，壓力只是另一種能量，就像質量或輻射，因此具有重力引力。在廣義相對論中，重力引力只是空間彎曲的結果。

還記得保齡球在彈跳床上留下凹痕，作為物質對空間曲率影響的類比嗎？如果考慮到廣義相對論，球質量越大，凹痕就越深，不過如果球很熱，或者內部壓力很高，凹痕也會更深。因此，壓力與其他形式的能量一樣，作用很像質量。從重力的角度來看，壓力是拉力。例如，當你計算一團氣體的重力效應時，不僅要考慮其質量，還要考慮其壓力，而這兩者都會影響氣體對其周圍物質的重力影響。事實上，壓力對時空曲率的貢獻比質量更大。

這對於具有**負壓**的東西意味著什麼？如果某種奇怪物質的壓力可以是負值，那就意味著它可以有效地**抵消**這種物質的質量，至少就其對時空彎曲的影響而言是如此。如果以宇宙常數的形式寫下暗能量的壓力和密度，在恰當的單位下，壓力正是密度的負值。

在討論物質的密度和壓力之間的關係時，我們通常會使用稱為**狀態方程式**的參數來表示，寫為 w——相當於壓力除以能量密度，以這種對比之下有意義的單位來表示。在這裡，我們感興趣的是暗能量的狀態方程式，如果有足夠的時間，它將成為整個宇宙的狀態方程式，因為隨著其他一切物質的稀釋，暗能量在膨脹的宇宙中將變得越來越重要。如果測得的值恰為 w = -1，就表示壓力和密度正好相反，暗能量是宇宙常數。由於宇宙常數中的能量密度始終為正，乍看之下，它似乎應該像物質一樣作用，並增強重力，從而減緩宇宙的膨脹。但由於負壓在方程式中的權重更大，所以宇宙常數的作用，成了加速宇宙膨脹。

至少這樣還是可預測的。w = -1 時，宇宙學常數的總能量密度隨著宇宙的膨脹而完全恆定，不會增加或減少。如果暗能量是其他 w 值，情況就不是這樣了。因此，弄清楚我們真正面對的是什麼很重要。

在暗能量首次被發現後的幾年裡，很明顯地有**某種東西**正在加速宇宙的膨脹，這意味著宇宙中一定有具有負壓的東西。

事實證明，任何 w 值小於 -1/3 的東西都會產生負壓並加速膨脹。知道 w 的值，可以告訴我們暗能量是否是一個真正的宇宙常數（永遠是 w = -1），或者是某種對宇宙的影響可能隨時間而變化的動態暗能量。因此天文學家開始尋找一種方法，來準確地確定 w 的值。如果暗能量被證明不是一個宇宙常數，這將代表我們不僅發現了一種作用於宇宙的新物理，而且還有個額外的獎勵是這是連愛因斯坦都沒有預見的東西。[1]

有好幾年，這就是大家最熱中的活動：測量 w，找出暗能量是怎麼一回事。進行了測量，寫了論文，繪製了圖表，顯示哪些 w 值與數據一致。宇宙常數的情況看起來可能會勝出。

但在 1990 年代末和 2000 年代初，有一小群宇宙學家指出同行在計算中加入了一個未討論的重大假設。這是一個完全合理的假設，因為忽視它會違反某些根深柢固的理論物理學原理，這些原則是如此基本，以至於沒有人會想去更動它。但這些數據並不需要這些原則，而且說到底，身為科學家，我們必須先忠於數據。就算這意味著改寫宇宙的命運。

## 地圖邊緣之外

物理學家考德威爾（Robert Caldwell）等人提出的簡單問題是：如果 w 小於 -1 怎麼辦？比如說 -1.5，或是 -2 ？在那之前，這

1 原注：他一定是弄錯了**某種東西**。

種可能性普遍被認為太過異想天開而無需考慮。論文中基於數據呈現的 w「允許」範圍的圖，往往在 -1 處突然中斷。軸可能是從 -1 到 0，或 -1 到 0.5，但 -1 是一堵硬牆，就像在猜測一個人的身高時，將硬牆置於 0 處一樣。

但當考德威爾研究這個問題時，w 的所有觀察結果都指向 -1 或非常接近該值。這代表，如果有人仔細檢視的話，數據可能也允許低於 -1 的值。

這種假設 w 小於 -1 的暗能量，被考德威爾稱為「幻影暗能量」（phantom dark energy），並與前面提到的「重要理論原理」嚴重不一致——具體而言就是「主能量條件」（dominant energy

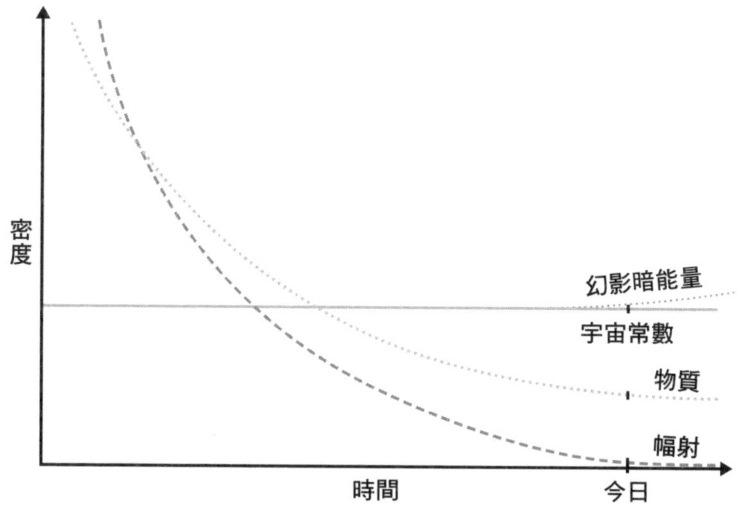


**圖 14：用宇宙常數形式或幻影暗能量形式演化的暗能量變化，和物質和輻射密度相比。**宇宙常數隨著宇宙的膨脹而保持恆定的密度，但在幻影暗能量的情況下，密度會增加。

condition），大致上是說能量流動的速度不能比光快。[2] 這似乎是一個完全合理的宇宙條件，但這與「光（或任何種類的物質）有極限速度」這種一般說法有著微妙的不同，目前它還不算是一個經過驗證的物理原理，只能說是一個「非常好的想法」。也許它是可調整的？

考德威爾等人繼續根據 w 的各種可能性計算約束條件。他們不僅發現低於 -1 的值與數據完全一致，而且透過簡單直接的計算，他們還發現即使 w 只是微乎其微地低於 -1，暗能量就會撕裂整個宇宙，並且將在有限而可計算的時間內實現。

請容我稍微岔題一下，這篇題為「幻影能量：w < -1 的暗能量導致宇宙末日」（Phantom Energy: Dark Energy with w < -1 Causes a Cosmic Doomsday）的論文，是我最喜愛的物理學論文之一。畢竟這可不常見，僅對目前的視角進行一些看似非常溫和的改變，將參數向下移動極小的量，結果卻發現這會**摧毀整個宇宙**。不僅如此，它還提供了一種方法來準確計算宇宙將**如何**毀滅、何時毀滅，以及毀滅後會是什麼樣子。

情形如下。

2 原注：考德威爾在 1999 年第一篇涉及這一概念的論文中採用「幻影」一詞，他解釋道「幻影是一種對視覺或其他感官來說顯而易見的東西，但沒有實體存在——這是對必須以非正統物理描述的能量形式之恰當描述。」

# 大撕裂

你可以把它想成是一種解散。

第一個遭殃的是最大、束縛最弱的東西。在巨大的星系團中，成百上千個星系群以漫長而相互交織的路徑，懶洋洋地圍繞著彼此流動，它們會開始發現這些路徑變得越來越長。星系在數百萬或數十億年裡行經的廣闊空間進一步擴大，導致邊緣的星系慢慢漂離，落入不斷擴大的宇宙空洞。很快地，即使是最密集的星系團也會發現自己被無情地解散，它們的組成星系不再感受到任何中心拉力。

從我們在銀河系的制高點位置來看，星團的消失應該是大撕裂正在進行的第一個不祥跡象。但光速延遲了這一線索，直到我們在離家園更近的地方感受到其影響。本地的室女座星團開始消散，它之前遠離銀河系的緩慢運動開始加速。不過，這種影響還很微妙。下一種則不然。

我們已經完成了天文全天巡天，能夠測量銀河系內數十億顆恆星的位置和運動。[3] 隨著大撕裂的臨近，我們會開始注意到銀河系邊緣的恆星不再按照預期的軌道運行，而是逐漸離去，就像晚宴結束後的賓客一樣。過不了多久，我們的夜空就會開始變暗，天空中巨大的銀河帶漸趨暗淡。銀河系正在蒸發。

---

3　原注：最新的一次稱為蓋亞（Gaia），它正在繪製我們銀河系中極其詳細的恆星地圖，已讓我們對宇宙歷史有更多深刻的理解。它所帶來關於我們命運的線索還有待確定。

從這時起，破壞的步伐就加快了。我們開始發現行星的軌道出現異狀，開始緩慢地螺旋向外。就在距離世界末日還有幾個月的時候，在外行星早就已經陷入不斷擴大的黑暗之中後，地球逐漸遠離了太陽，月球逐漸遠離了地球。我們也獨自陷入了黑暗。

這種孤獨的平靜不會持續太久。

此時，任何仍然完好無損的結構，都會在其內部不斷膨脹的空間之推動下而應變。地球的大氣層從頂部開始變薄。地球內部的構造運動對不斷變化的重力做出混亂的反應。不過幾個小時，地球就撐不住了：我們的星球爆炸了。

即使是地球的毀滅，原則上也是可以躲過的，如果你早就解讀了這些跡象，提早撤退到某個小巧的太空艙中。[4] 但這不過是極短暫的緩刑。沒多久，將你身上的原子和分子結合在一起的電磁力，再也無法抵抗所有物質中不斷膨脹的空間。在最後那一瞬間，分子裂開，任何仍在堅持的思想生物都將被摧毀，體內的原子一一離散。

在那一刻之後，我們再也不可能目睹破壞，但破壞仍在繼續。原子核本身，也就是原子中心的超緻密物質，是下一個倒楣鬼。密度極高的黑洞核心被掏空。在最後一刻，空間結構本身被撕裂。

4 原注：當危險來自於空間本身時，你會希望自己處於一個空間盡可能小的結構中。

不幸的是，我們可能永遠無法肯定地說，我們不會受到大撕裂的影響。問題在於，注定熱寂的宇宙和走向大撕裂的宇宙之間的差異可能無法衡量。如果暗能量是宇宙常數，則狀態方程式參數 w 剛好等於 -1，結果就是熱寂。如果 w 低於 -1，即使只是十億分之一，暗能量就是幻影暗能量，將會撕裂宇宙。因為我們不可能以完全且毫無不確定性的精確度來測量任何東西，所以也只能說，如果大撕裂確實發生，那麼在遙遠的未來，宇宙中的所有結構都會發生變化。因為即使有幻影暗能量，w 越接近 -1，大撕裂就會被推向更遠的未來。上次我根據普朗克衛星 2018 年發布的數據計算最早可能的大撕裂時，得到的結果是大約 2000 億年後。

好險。

| 距今： | 事件 |
|---|---|
| ≳ 1888 億年 | 大撕裂 |
| 在大撕裂前： | |
| 20 億年 | 抹除星系群 |
| 1 億 4000 萬年 | 摧毀銀河系 |
| 7 個月 | 拆開太陽系 |
| 一小時 | 地球爆炸 |
| $10^{-19}$ 秒 | 原子離散 |

**圖 15：大撕裂時間表（基於目前 w 的最糟情況），改編自 Caldwell、Kamionkowski、Weinberg，2003 年。**表格顯示了其他破壞時刻在大撕裂發生之前大約多久。

但考慮到對宇宙和物理結構本身的潛在後果，我們天文學界非常重視，想弄清楚在 w = -1 到慘烈宇宙末日之間，我們目前位於尺度上哪一位置。[5] 我們無法直接測量 w，但可以透過測量宇宙過去的膨脹率，並將其與我們對不同種類暗能量作用的最佳理論模型進行比較，以此來間接確定該數值。我們在前一章中稍微搪塞了一點，但事實證明，即使只是確定宇宙過去的擴張率，也比看起來困難許多。原則上，有幾種方法可以得到 w，其中一些可以透過微妙的方式完成，不需要計算特定距離的膨脹率。但想瞭解暗能量，最直接的方法是弄清楚我們完整的膨脹歷史。事實證明，如果你嘗試做一些簡單的事情，例如回答「那個星系有多遠？」的問題，那麼宇宙學的所有怪異都會撞在一起。

## 通天之梯

為了有意義地比較宇宙中兩個遙遠點的局部空間膨脹率，你首先必須確切地知道每個點之間的距離有**多遠**。對於地球上的物體，甚至是像月球這樣近的物體來說，這沒什麼大不了的，因為你可以對其發射雷射光束，並透過查看光反射回來需要多

5 原注：如果你問的話，我的同行會聲稱他們真正動機的是瞭解暗能量的本質，因為它能告訴我們有關基礎物理學和宇宙學模型的資訊。但**我**知道，其實是出於恐懼。

久時間來測量距離。[6]在這種尺度上，宇宙還是相當合理的。它基本上就像一個不變的空間，從A到B的距離可以直接測量，而且有意義，一切正常。當涉及到太陽系之外的事物時，情況就變得棘手多了，因為越遠的事物就越難測量，而且因為在越來越大的尺度上，膨脹開始改變距離本身的定義。

多年來，天文學家用膠帶和麻繩，將一組相互重疊的距離定義和測量結果拼湊在一起。儘管有時候看起來很笨拙，但它是觀測天文學和數據分析數十年創新的結果，並為我們提供了一種直觀但令人沮喪地難以實施的策略，即「距離階梯」（distance ladder）。

假設你需要測量一個大房間的長度，而你只有一把普通尺寸的尺。如果你不介意在地板上爬來爬去，你可以反覆放下尺子，直到比完整個房間的長度。或者你可以更有創意一點，測量一下你的步幅，然後走過房間，數你走了幾步。如果你選擇步數法，你就建立了一個距離階梯：一個透過使用更容易管理的度量來校準測量結果，以測量大距離的系統。

在天文學中，距離階梯有一系列的梯級，使其能夠延伸到數十億光年之外的物體。在太陽系內，直接雷射測量、軌道縮

---

6 原注：是的，我們就是這麼做的。這就是所謂的雷射測距，我們**可以**做到這一點的唯一原因，就是阿波羅任務的太空人在上面留下了一面鏡子。它是一個方便的工具，既可以查看月球有多遠（有趣的事實：它以每年約 4 公分的速度遠離地球），也可以透過非常非常仔細地觀察軌道，來測試重力的運作原理。

放甚至日食，都可以幫助我們收集距離數據。除此之外，下一步是使用視差。這種方法運用了這樣一個事實：當你改變制高點的位置時，近處物體相對於固定背景的位置移動，似乎比遠處物體更多。這跟如果你在眼前豎起一根手指，然後先閉上一隻眼睛，再換一隻眼睛閉上時，會看到手指似乎來回跳動是一樣的效應。如果我們在 6 月觀察附近的一顆恆星，然後在 12 月又觀察同一顆恆星，則地球在繞太陽公轉的軌道上處於不同位置的事實，意味著該恆星相對於更遠的背景物體，將顯得略有移動。越接近，變化就越大。不幸的是，對於我們銀河系之外的任何物體來說，這些視運動太小而無法被感知，我們需要另一種方法——一種僅根據明亮物體的光特性來確定其距離的方法。

接著就是一切的關鍵，標準燭光的概念，我們在上一章簡單討論過。這種天體（例如恆星）具有一些物理屬性可以透露其亮度，透過觀察它看起來有多亮，你就可以知道它有多遠。有點像是寫著「60 瓦」的燈泡。你知道它應該有多亮，但當它離你很遠時，你從它那裡接收到的光就會減少。

當然，太空中沒有任何東西好心地將亮度寫在身上。但我們有幾乎一樣好的東西。第一個讓我們得以在天文學中使用標準燭光的突破性發現，要歸功於 1900 年代初期的天文學家勒維特（Henrietta Swan Leavitt）。[7] 在哈佛天文台工作時，她發現一種被稱為「造父變星」（Cepheid variable）的恆星，會以可預測的方式變亮和變暗。本質上較亮的造父變星，會緩慢、逐漸地脈動，在很長一段時間內變得有點亮再變得有點暗。本質上較暗的造父變星則脈動較快，在最亮和最暗狀態之間波動很大。[8]

這項發現是革命性的，也許是天文學史上最重要的發現，因為它讓我們終於得以測量我們周圍宇宙的規模。這意味著，在任何可以看到造父變星的地方，我們都可以獲得可靠的距離，並開始製作可用的地圖。透過測量造父變星的脈動速度，以及它從地球看起來的亮度，勒維特可以非常精確地告訴你它的真實亮度，從而知道它的距離。

這能讓我們看多遠？在整個銀河系和附近的星系中都可以看到造父變星，因此我們可以利用附近造父變星的視差，仔細校準脈動關係，然後利用較遠的造父變星，來告訴我們到其他星系的距離。

製作距離階梯的下一步非常關鍵，但從任何意義上來說，這也是事情變得非常混亂的地方。在上一章中，我們提到有某種超新星可以用來測量距離。這種 Ia 型超新星爆炸，是當一顆白矮星以某種方式從另一顆同樣不幸的恆星那裡獲得一些質量，並以驚人的方式將自身撕裂時所發生的情況。因為所有白

---

7 原注：當時她並沒有被稱為天文學家。她是一群被稱為「計算員」的女性中的一員，她們被雇用當作檢查天文感光板的廉價勞動力，為天文物理學做了大量的基礎計算。哈伯利用她的發現測量了宇宙的大小和膨脹，後來說她應該獲得諾貝爾獎。不幸的是，除了親近同事的認識和尊重之外，她在世時幾乎未得到任何認可。

8 原注：我喜歡把明亮的造父變星想像成巨大懶散的聖伯納德犬，而暗淡的造父變星則想像成易興奮、神經質的吉娃娃。

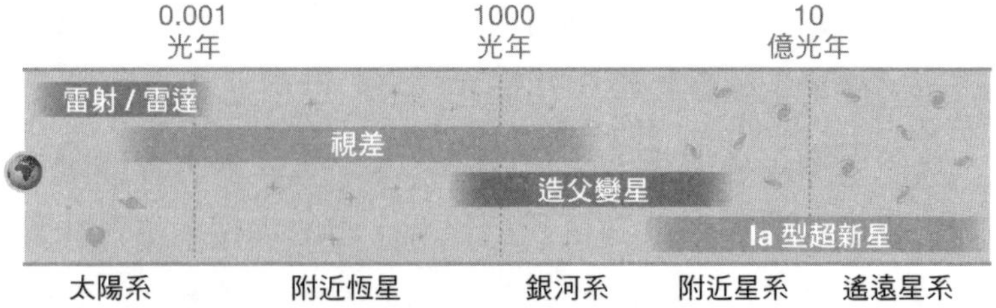


**圖 16：宇宙距離階梯。**對於太陽系內的天體，我們可以使用雷射或雷達（除了軌道時間和距離之間的關係）來測量距離。到附近恆星的距離可以用視差來測量，造父變星可幫助我們確定銀河系和一些附近星系內的距離。對於更遙遠的來源，我們可以使用 Ia 型超新星。

矮星都是相當簡單的天體，[9]而且因為規範爆炸的是我們覺得對其有一定把握的物理學，所以 Ia 型超新星一度被認為是很好的標準燭光——所有的爆炸看起來都非常相似。但後來發現，將它們描述為**可**標準化會更好，就像造父變星一樣。如果你可以測量爆炸如何達到峰值和變暗，就可以大致瞭解爆炸釋放的總能量，從而判斷它的實際亮度。

## 星光熱核亮

但這本書談的是毀滅，如果我將 Ia 型超新星搪塞成「一種爆炸的恆星」，那未免太失職了。白矮星——我們的太陽最終注定會成為的那種恆星——本身就是恆星演化的奇蹟。當白矮

9　原注：就恆星來說算簡單了。

星爆炸的時候，它會經歷一場全體熱核爆炸，發出比整個星系更耀眼的光亮。

如果你是一顆恆星，無論你處於生命週期的哪個階段，你的存在都取決於核心產生的壓力和本身物質的重力之間的謹慎平衡（我們稱之為「流體靜力學平衡」，但其實就是推力必須等於拉力，恆星才不會爆炸也不會坍塌）。大多數時候，恆星會透過在其核心進行融合反應產生向外的壓力，將原子核緊密地壓在一起，使它們融合成一種更重的原子。對於所有最輕的元素來說，將它們融合在一起會產生輻射，而這種輻射就是使恆星免於坍縮的壓力。

像太陽這樣的恆星，向外的壓力是由氫融合成氦提供的。事實上，大多數恆星都是巨大的氦工廠，吸收宇宙中豐富的氫並將其黏在一起，每秒無數億次。

出於近鄉情感，讓我們就以太陽為例。

目前，太陽正在愉快地燃燒氫，在其核心產生過剩的氦，溫度和壓力隨著時間而變化，導致氫氦平衡逐漸傾斜。因為工廠的效率取決於溫度和壓力，所以太陽的能量輸出和本體大小會隨時間而變化——最明顯的是，在接下來的數百萬年裡，太陽將變得更亮也更大一點。[10]

大約 10 億年後，就到了我們會被烤焦的階段。但就算地

10 原注：根據目前的估計，太陽的半徑正以每年約 1 英吋的速度增加。但與此同時，地球的軌道也在擴大，因此我們正以每年約 15 公分的速度遠離太陽（我不會為在這裡混用單位道歉），所以太陽表面目前並沒有更接近我們。

球已經成為一塊了無生氣的焦石，太陽未來的路還長得很。隨著增加的熱度使內行星（水星和金星）焚燒，並蒸發地球上的所有海洋，大量的氫被燒掉，最後只剩中央充滿氦氣的核心，周圍有一層燃燒的氫殼。然後核心變得熱到足以開始將氦融合成氧和碳，使太陽變成一顆巨大、腫脹的紅巨星。當太陽最終耗盡所有可供融合的氫氣，也就是進入紅巨星階段數十億年後，就將真正開始垂死掙扎。核心將開始充滿氧氣，然後是碳，其產生是透過恆星重力擠壓核心來推動的。到最後，當太陽膨脹並吞噬金星軌道，而地球成為冒煙的焦土之後，太陽的重力再也不足以維持任何進一步融合所需的溫度。恆星的外層大氣將會脫落，核心開始收縮。

你可能會以為這就是太陽的結局——耗盡、轉變、吞噬行星，不再有足夠強大的融合反應來支撐自身。幸運的是，有一種比融合反應更強的壓力，可以防止紅巨星後的太陽和其他類似的恆星完全坍縮，從而讓它以白矮星的身分度過康復期。而這種壓力直接來自於量子力學。

## 量子堆

你需要知道的第一件事是，你所知道和喜愛的大多數亞原子粒子——電子、質子、中子、中微子、夸克——都是費米子（fermion），在這種情況下，這意味著它們在粒子物理學中是非常獨立的。具體來說，它們遵循**包立不相容原理**（Pauli exclusion principle），即它們不會以同樣的能量狀態同時處於同一個地方。如果你還記得高中化學課的話，這就是為什麼附著在原子上的電子，最終會處於不同類型的「軌道」中，但其實那代表的是能量狀態。

總之，在一顆燒盡塌縮的恆星核心中，有如此多的原子緊緊地貼在一起，它們的電子開始變得焦躁不安。在這種壓力下，電子不會與特定的原子結合，而是會擠在一起，形成一個巨大的原子亂局，如此擁擠，以至於它們必須跳躍到越來越高的能態，以避免所有電子都處於同一狀態。這會產生一種壓力，稱為**電子簡併壓力**（electron degeneracy pressure），其強度足以阻止恆星的塌縮並產生一種全新的天體：白矮星。

白矮星是一種根本不會燃燒的恆星。它沒有核融合。它是一個完全由量子力學原理（即電子不太喜歡彼此）支撐的固體天體。它可以持續默默地悶燒數十億年，直到它慢慢褪色、冷卻和變暗，並在宇宙的熱寂中解體，在大崩墜中被點燃，或者被宇宙中的幻影暗能量撕裂，如同萬物的命運。

除非它又多得到了一點質量。

電子簡併壓力的威力很大。它可以支撐**整顆恆星**，但也有其限度。如果發生了什麼將白矮星推過這條線——從伴星中吸收物質，或者與另一顆白矮星相撞——它的質量就會太大，讓簡併壓力無法抗衡進一步的塌縮。一旦這種平衡被打破，就會迅速發生一連串事件。

恆星的核心溫度升高。碳開始燃燒。恆星的物質開始翻騰攪動，將更多的物質從中心火焰拖進拖出。爆燃衝破恆星，引發威力強大的熱核爆炸，將恆星壯觀而徹底地撕裂。

白矮星的爆炸非常明亮，足以瞬間照亮整個星系，而且可以被數十億光年外的望遠鏡觀測到。在遠古時代，銀河系遙遠部分和附近星系中的超新星，甚至無需儀器就能**在白天**用肉眼看到。[11]

讓天文學界有些沮喪的是，除了這幅寥寥幾筆般的景象之外，我們仍然不知道 Ia 型超新星是如何發生的。關於它們主要是由伴星落到白矮星上的物質，還是由白矮星碰撞引起的爭論仍在繼續。模擬撕裂恆星的爆炸，在計算上也極為困難。大多數模擬都會產生恆星物質的冒泡和翻騰，視覺效果極為強烈，但還遠遠未達爆炸的程度，但它們正在加緊努力（事實證明，恆星很複雜。尤其是當量子力學和熱核爆炸都很重要時）。

我們之所以認為可以從 Ia 型超新星觀測中學到有用的東西，是因為我們可以合理地預期，白矮星[12]在爆炸時幾乎總是具有相同的質量。1930 年，來自印度的二十歲天才物理學家錢德拉塞卡（Subrahmanyan Chandrasekhar），正搭上前往英國的船隻，準備到劍橋大學就學，而他在旅途閒暇之餘的發現，徹底改變

11 原注：1006 年 4 月 30 日至 5 月 1 日之間出現的超新星 SN1006，很可能是一顆 Ia 型超新星，是由我們銀河系內距離約 7000 光年遠的兩顆白矮星碰撞引起的。在天文影像中，殘留物看起來很像一個彩色的煙球，今天仍然可以看到。

12 原注：白矮星的複數寫做「dwarfs」而不是「dwarves」，原因不明。

了恆星的演化。透過改進現有的計算，並加入相對論的重要影響，他發現了電子簡併壓力所能支撐恆星質量的硬性極限。這個極限大約是太陽質量的 1.4 倍，後來被恰當地稱為「錢德拉塞卡極限」（Chandrasekhar Limit）。任何質量超過該極限的白矮星，注定會立即爆炸為超新星。現在我們知道了白矮星爆炸的物理原理始終相同，也知道了 Ia 型超新星本質上有多亮，因此可以計算出它的距離。

當錢德拉塞卡的船最終抵達海岸時，他的突破就像知識的爆炸前緣一樣撕裂了科學界，永遠改變了我們對這些奇怪又奇妙的爆炸性恆星天體的看法（儘管並非所有人都信服。最明顯的就是著名天文學家愛丁頓爵士〔Sir Arthur Eddington〕[13]，錢德拉塞卡改進的是他的研究成果，但他對被這個後起之秀超越感到不悅，所以打壓了這位年輕物理學家好幾年，最後才承認對方的計算能力實在優越）。

## 宇宙爆米花

當白矮星聚集到的質量超過錢德拉塞卡極限時都會爆炸的想法，讓天文學家希望，在依恆星環境的細微差異略做調整後，

13 原注：如果愛丁頓的名字聽起來很熟悉，那可能是因為他在 1919 年進行了一次日食考察，為愛因斯坦的廣義相對論提供了第一個觀測證據。對光線在到達我們途中掠過太陽的恆星的觀察表明，那些光線因太陽空間的扭曲而扭曲（這種觀測只有在日食時才能做到）。當時有一個著名的標題宣稱：「天空中的光線全都歪斜——科學男或多或少對日食觀測結果感到興奮。」想必科學女是無動於衷吧。

我們可以使用這些恆星作為距離基準。

我們到底能做到什麼程度，仍然是天文物理學界激烈爭論的問題。這是可以理解的，因為賭注再高不過了。Ia 型超新星是浩瀚宇宙中距離測量的黃金標準[14]。正是它們讓天文學家在 1990 年代末期探測到了宇宙的加速膨脹，現在也是天文學家用來瞭解暗能量本質的最佳憑藉。

（使用大規模恆星爆炸作為距離基準，可能聽起來很奇怪，因為我們當然無法準確預測恆星爆炸的時間和地點。但事實證明，恆星爆炸率足夠高——經驗法則是在每一世紀每一個星系都會有一顆超新星爆炸——而且星系數量如此之多，如果我們每晚拍攝大量星系的照片，我們很有機會看到前一晚不存在的一個光點，之後就可以進行更詳細的觀察。）

我們現在用超新星校準星系距離的精確度相當驚人，已接近 1%。這使我們得以透過確定星系的距離和移動速度，來測量宇宙的膨脹率。如第三章所討論的，我們用哈伯常數來討論膨脹率——也就是與距離和退離速度相關的數字。截至撰寫本文時，超新星測量使我們能夠以 2.4% 的精確度測量哈伯常數。

這很奇怪，因為我們得到的數字與我們透過觀察宇宙微波背景得出的同一數字的值，兩者之間差得遠了。

14 原注：如果 Ia 型能夠創造出黃金，這將是一個很好的雙關語。雖然它們在爆炸過程中可以產生其他元素（例如大量的鎳），但由於涉及極端溫度和壓力，黃金可能主要還是在中子星碰撞中產生的。哎。

## 膨脹混亂

在過去的幾年裡，根據超新星測得的哈伯常數大約為 74 km/s/Mpc——意思是在 1 兆秒（約 320 萬光年）外的一個星系，正以大約每秒 74 公里的速度遠離我們。與我們的相對位置在兩倍遠的物體，移動的速度大約也是兩倍。但我們也可以透過仔細研究宇宙微波背景中熱點和冷點的幾何形狀，來間接測量哈伯常數。當我們以這種方式測量時，我們得到的數字接近 67 km/s/Mpc。儘管這些觀測觀察的是宇宙歷史上截然不同的時期，但它們都可以告訴我們現今的膨脹率。在一個由我們認為的物質組成的宇宙中，兩種確定哈伯常數的方法應該給我們相同的數字。但沒有。

科學界並沒有覺得這是**太**大的問題，因為沒有人認為這兩種測量中有哪一種能精確到可以解決這個問題。直到最近，目前的情況是，宇宙微波背景派的人認為，一些距離階梯的錯誤估計終究能解決，從而使數字下降一點點。而超新星派的人認為，宇宙微波背景的測量，說到底還是得自試圖測量空間本身的形狀，因此太過複雜，肯定會有什麼能指出這個數字其實高了一點點——有鑑於觀察宇宙的嬰兒時期並將其轉換為當今的膨脹率所需的計算和轉換，這並非不合理的假設。然而同樣地，距離階梯也非常複雜。就算不提及未全盤考慮超新星本身的所有相關屬性而可能出現的偏差，校準變星也並不容易，甚至只是到相對較近的星系的距離，有時也具有巨大的不確定性。部分原因在於我們在附近看到的造父變星數量與遠處的不同，而且……我可以說個沒完。還是說仍有**爭議**吧。

雖然雙方關於對方出錯的猜疑還沒完全消失，但情況還是變得越來越令人不適，因為雙方其實都在改進自己的方法，消除所有已知的測量偏差來源，結果還是發現雙方的數字更精確地不一致。

目前還不清楚這問題的最終解決方案會是什麼。也許確實是數據中的系統誤差，或是測量本身的一些問題。也許只是統計上的湊巧，儘管表面上看起來不太可能。一些最有趣的解釋涉及暗能量，它不是普通的宇宙常數，而是一種更不祥的東西——可能會導致大撕裂。有一個假設可以合理地解決兩種測量之間的差異，那就是暗能量會隨時間變得更強大，就像你預期中幻影暗能量主導宇宙的早期階段那樣。

我們或許還不該驚慌。正如之前所討論的，數據仍然不太明確。w 的大多數測量給出的值與 -1 完全一致，儘管確實有時非常輕微地偏向小於 -1 的值，但這種偏差在統計上不具意義。至於哈伯常數的分歧，即使所有測量結果都是正確的，對這種差異的非世界末日解釋——涉及暗物質的怪異模型，或早期宇宙條件的改變——也正在醞釀之中。事實上，即使調整暗能量也不足以完全解決問題，因此假設解決方案可能在其他地方，並非毫無道理。不過，就算暗能量的影響**確實**在最近的宇宙歷史中急劇上升，暗示著幻影暗能量之類的東西，但在大撕裂發生之前我們仍有**很長**的時間。

事實上，我們已經討論過的所有宇宙終結場景的共同點，就是它們肯定不會很快出現。就我們對物理學的最佳理解而言，即使是最極端版本的突然大崩墜逆轉，也要數百億年之後才可能發生，而大撕裂至少要在 1000 億年之後才會發生。大多數人認為熱寂的可能性更大，它將發生在宇宙過於深遠的未來，以至於我們幾乎無法用單位去描述。

不過，有一種可能性顯然比其他所有可能性都更具威脅性。這一種世界末日的景象，本質上是源於宇宙結構本身的缺陷。它經過合理而充分描述，並且得到了有史以來最精確的基礎物理實驗最新結果的支持。而且隨時都可能發生。

# 真空衰變

人們擔心的事情從來沒有發生過。

倒是從未有人想到過的事情發生了。

——威利斯（Connie Willis），《末日之書》（*Doomsday Book*）

2008 年 3 月，退休核安官瓦格納（Walter Wagner）對美國政府提起訴訟，要求阻止科學家啟動大型強子對撞機（LHC）。在瓦格納看來，這是拯救世界的絕望之舉。當然，這場訴訟注定失敗。原因在於，LHC 是由歐洲核子研究組織（簡稱 CERN，縮寫來自法語）[1] 控制，而不是美國政府。瓦格納的科學擔憂雖然可能出於真誠，但卻是沒有根據的。最後，CERN 領導層發布

1　譯注：即其前身歐洲核子研究理事會，Conseil Européen pour la Recherche Nucléaire。

了一些關於對撞機技術安全無虞的新聞稿，而 LHC 的建造和運作仍在繼續。

隨著第一次粒子碰撞的預定日期臨近，這份新聞稿也沒能阻止部分公眾的恐慌加劇。這台大型強子對撞機將是歷史上最強大的粒子物理實驗，沿著週長 27 公里、真空密封、極冷的巨大圓形地下軌道，在四個地方對質子進行碰撞。這些碰撞會在探測器內產生瞬間的能量爆發，其能量強大到足以重新創造熱大霹靂的環境，也就是創世初始後幾奈秒的時期。科學家不僅期望 LHC 能讓我們深入瞭解早期宇宙的狀況，也能藉此瞭解物質和能量本身的結構。早期的實驗告訴我們，物理定律取決於能量——根據發現粒子和力的環境，兩者相互作用的方式會改變——因此創造越來越高能量的碰撞，將使科學家能夠探索物理學運作的極限。

而且還有更誘人的獎賞近在眼前。幾十年前，物理學家已經推論有一種新粒子的存在——這種粒子對於物質的行為至關重要，它將是完成粒子物理學標準模型的最後一片拼圖。希格斯玻色子（Higgs boson）如果被發現，將終於證實解釋基本粒子如何在早期宇宙中獲得質量的主要理論，原因我們稍後會討論。它有望為我們提供有關超出當前探索領域的物理定律結構的線索。

但正是這種前景——探索現實的未知領域——足以讓旁觀者感到恐懼。從來沒有人用這些能量製造過碰撞。沒人知道物理定律在這樣的環境中會如何轉變和重組。

最糟場景在網路上瘋狂流傳。也許這台機器會打開某種通往另一個維度的門戶，撕裂空間本身的結構。也許它會產生一個微小的黑洞，這個黑洞會不斷增大，吞噬整個行星。也許它會創造出「奇怪的物質」——一種由上夸克、下夸克和奇味夸克組成的複合材料[2]。有些人則認為，它可能會導致冰九式的鍊式反應[3]，轉化所有觸碰到的物質。但物理學家們繼續行動，顯然並不擔心這些。LHC 於 2009 年 11 月進行了首次高能量質子碰撞。

有鑑於這個星球上的生命仍然存在，我在這邊指出這些假設的生存災難沒有發生，並不算什麼劇透吧（如果你仍然擔心，有一個最新情報網站：www.hasthelargehadroncolliderdestroyedtheworldyet.com〔www.大強子對撞機毀滅世界了嗎.com〕），但會不會只是僥倖而已？考慮到潛在的風險，這個實驗真的有必要嗎？

物理學家並不總是謹慎行事，但探索「萬一」場景可以算是我們的吃飯傢伙，若能夠深入思考最終毀滅的假設可能性背後的真實物理學，這樣的機會自然不容錯過。[4] 事實上，在 2000 年，四位物理學家（包括一位後來獲得諾貝爾獎的物理學家）為《現代物理學評論》（*Reviews of Modern Physics*）撰寫了一篇長達

---

2　原注：夸克有六種不同的「味」，各自具有不同的質量和電荷。這些味是：上、下、頂、底、魅、奇。這些是在 1960 年代命名的。

3　原注：馮內果（Kurt Vonnegut）在《貓的搖籃》（*Cat's Cradle*）中，創造了一種新形式的冰——「冰九」，它比液態水更穩定。在故事中，冰九粒子接觸到的每一滴水都會變成冰九，對生命和世界造成生存上的威脅。

4　原注：相信我，我懂。

16頁的論文，名為〈RHIC的推測性「災難場景」評論〉（Review of Speculative 'Disaster Scenarios'at RHIC）。RHIC是相對論性重離子對撞機，是布魯克赫文國家實驗室（Brookhaven National Lab）的對撞機，早於LHC，旨在以高能量碰撞金等重元素的原子核。它本身就是一項開創性的實驗，同樣令人們擔心可能會產生難以預料的後果，從而危及地球（或宇宙），而那篇論文的目的是充分探討並可望消除這些謠言。

該評論的結果令人備受鼓舞。研究人員不只發現，僅基於理論考慮，產生奇怪物質或黑洞的可能性非常小，而且實際上也有實驗數據來支持這一點——那就是「月球的存在」。

對於任何一種奇怪的「對撞機引發毀滅」爭論，都基於這樣一種觀念，即這些對撞機中的極高能碰撞是如此史無前例，以至於我們不知道會發生什麼。這種想法忽略了一個重要事實：雖然RHIC和LHC所達到的能量，對於我們這些弱小的人類來說可能很新奇，但穿越宇宙的宇宙射線始終攜帶極高能量，並不斷與其他物體和彼此碰撞。用RHIC論文作者的話來說，「很明顯，宇宙射線自古以來就一直在整個宇宙中進行類似RHIC的『實驗』。」數十億年來，宇宙中一直發生著比任何地球對撞機所能達到的能量高得多的碰撞，因此，如果它們能夠摧毀宇宙，我們肯定會注意到。

「等等，」你可能會說，「萬一深空的宇宙射線碰撞，確實具有令人難以置信的破壞性，只是因為距離太遠，所以沒有影響到我們怎麼辦？萬一宇宙中到處都存在奇怪的物質團，只是我們不知道怎麼辦？」這是一個合理的擔憂。雖然大多數時候，對撞機中產生的粒子預計將有足夠的剩餘動量，一旦形成就可以衝出實驗室，但合理的想像是，我們可能會創造出一些危險的東西，而它們或多或少停留在探測器中。到時候怎麼辦呢？

幸運的是，我們可以把月球當作煤礦裡的金絲雀。我們從地球探測器和太空望遠鏡獲得了足夠的數據，知道高能量宇宙射線一直在撞擊月球（事實上，透過電波望遠鏡，我們甚至可以使用月球作為中微子探測器，[5] 這本身就令人驚奇）。如果高能量粒子碰撞可以將附近的普通物質轉化為奇怪的物質，那麼這在萬古之前就會發生在月球上，而我們的天空中會有一個**非常**不同的天體。同樣地，如果月球上形成一個微小的黑洞並將其吞沒，夜空也會發生相當明顯的變化。更不用說我們人類實際上**去過那裡**，四處走動，打了幾個高爾夫球，並帶回了樣本。月球目前為止還好好的。因此，那篇論文的作者認為，RHIC 不會害死所有人。

不過，奇異物質和黑洞並不是唯一被揭穿的末日謠言。另一種可能性（同樣被宇宙射線的超強火力所駁回），是足夠強大的碰撞可能引發毀滅宇宙的量子事件，即**真空衰變**（vacuum decay）。真空衰變的整個想法基於這樣的假設：我們的宇宙有

---

5 原注：這是因為「阿斯卡里安效應」（Askaryan Effect），即超高能中微子衝破月球風化層，產生一陣無線電波，讓我們有望用電波望遠鏡接收到這些無線電波。到目前為止，我們的望遠鏡還不夠靈敏，但用下一代儀器應該就能夠接收到這些訊號。

一種內建的致命不穩定性。雖然這種可能性極低，但聽起來還是很可怕，不過 RHIC 投入使用時，沒有真正的證據表明這種缺陷存在，因此這個問題並沒有被特別認真地對待。

直到 2012 年，當大型強子對撞機發現希格斯玻色子時，一切都改變了。

## 宇宙現狀

讓粒子物理學家皺眉的一個好方法，就是把希格斯玻色子叫成它最出名的稱號：**上帝粒子**。我們對這個崇高綽號的集體暴躁情緒，並不完全是由於科學與宗教混合所造成的嚴重不適（儘管對許多人來說這是其中很大一部分）。更是因為「上帝粒子」這個稱呼非常不精確，而且坦白說，聽起來有點自以為是。這並不是說希格斯玻色子不是粒子物理標準模型中非常重要的一部分。希格斯玻色子甚至可說是將其他一切結合在一起的關鍵。但在粒子物理學的運作和宇宙的本質中發揮核心作用的，實際上是希格斯**場**，而不是粒子。

這個故事的簡短版本是，希格斯是一種遍布整個空間的能量場，並與其他粒子相互作用，從而使它們具有質量。希格斯**玻色子**與希格斯場的關係，就像電磁力（和光）的載體**光子**與電磁場的關係一樣——它是遍布更大空間的一種東西的局部「激發」。這個故事的長篇版本與電弱理論有關，該理論將弱核力與電和磁結合起來，以及一種稱為「自發對稱破缺」（spontaneous symmetry breaking）的過程如何分離這些力。

（說到這裡，我真的真的很想把量子場論完整說一遍，但我用了莫大的克制力，才限制自己只觸及幾個關鍵議題。相信我，如果你決定去學習這一切背後的數學，那會酷**很多**。）

我們在第二章中討論過「物理在不同能量下的工作原理不同」這一事實。例如，電磁力和弱核力在我們日常碰到的能量中，表現得像是兩種完全獨立的現象，但在非常早期的宇宙中，在非常高的能量下，它們是同一件事的不同層面。希格斯場在這一轉變中發揮了重要作用；當它改變時，物理定律也改變了。

這是我們建造對撞機的一個重要原因：在探測器內的微小空間中，創造出宇宙誕生之初就存在的極端條件，這可以讓我們得以深入瞭解，決定物理學中的一切如何組合在一起的基本原理。其基本概念是，一定存在某種總體數學理論，能為我們提供所有可能條件下粒子相互作用的藍圖，而透過不斷製造越來越高能量的相互作用，我們對於更大的框架會是什麼樣子，也能有越發清晰的瞭解。

打個比方，就以水來說吧。從最基本的層面來看，它是由氫原子和氧原子以特定排列方式鍵結而成的分子集合。但我們日常生活中體驗到的水，是一種均勻的無色液體，或者可能是一種結晶固體，或者在某些不幸的時候，是一種令人難以承受的濕度，讓人希望自己的衣服是用毛巾製成的。[6] 透過檢視水在

6 原注：本書的這一部分是在 8 月的北卡羅萊納州寫的。

這些不同形式下的行為，我們可以推斷它的**真實**性質，即使我們手邊沒有強大的顯微鏡能觀察單個原子本身。例如，雪花的形狀告訴我們分子在排列成晶體時的形狀。水蒸發的方式，告訴我們一些關於分子鍵結的資訊。如果我們只經驗過水的其中一個相態，我們就無法掌握全局，也更難瞭解完整的內情。同樣地，我們對亞原子粒子相互作用的經驗，會根據實驗的能量（或溫度）而變化，這使我們能夠更好地瞭解整體實情。

在粒子物理學中，我們想知道的是粒子如何相互作用，以及它們的基本屬性（如質量）是如何形成的。任何具有質量的粒子的顯著特徵是，如果不施加力，它就無法加速，並且永遠無法達到光速。在非常早期的宇宙中，希格斯場經歷了一個轉變，將電弱力分為電磁力和弱力，並在此過程中賦予一些粒子（儘管不是光子或膠子）與希格斯場本身相互作用的能力。這種相互作用的強度決定了粒子的質量。光子繼續以光速穿過空間，但有質量的粒子移動得更慢，並與它們受到希格斯場的牽引力成正比。

將粒子在早期宇宙中的行為與粒子今天的行為進行比較，就像比較你和蒸氣或液態水間的作用一樣。想像一下，水蒸氣就是希格斯場——一種能量場，存在於空間的每一個點。再想像在某個時刻，希格斯場的特性會發生巨大的變化，就像水蒸氣完全凝結成液態水一樣。如果你已經習慣了只遇到潮濕的空氣，那麼在水池中移動會是一種完全不同的情況。當希格斯場的性質突然改變時，物理定律就好像濃縮成一種完全不同的形式。突然間，能夠以光速暢通無阻地在太空中移動的粒子，由於與希格斯場的相互作用而減慢了速度。它們獲得了質量。

我們稱這個過程為**電弱對稱破缺**（electroweak symmetry breaking）。

## 可怕的對稱

對稱性在物理學中是一種微妙、抽象的概念，不用方程式就很難解釋，但它對於我們物理學家所思考的一切來說，又是如此絕對地重要，以至於我的良心不允許我把它輕輕帶過。對稱性是我們描述自然理論的核心，而且也常常是我們發展新理論的核心。如果你碰巧是一個習慣用支配世界的數學方程式來思考世界的人，那麼你可能已經接受了這樣的想法：理論可以用它們所遵循的對稱性來描述；如果你不是這種人，只覺得這些話完全莫名奇妙，那也可以理解。因此讓我們岔題一下，把話好好說清楚，因為這是一件非常美妙的事情，一旦你瞭解了它，就會發現它無處不在。

對稱性不僅僅是指一樣東西在鏡中看起來是否相同。在物理學中，一切都與模式有關，關乎於這些模式如何能讓你更深入地瞭解某些底層結構。以元素週期表為例。為什麼元素是按照我們今天所習慣的行和列排列？如果你學過化學，你就會知道某些列的元素有一些共同點——最右邊一列是惰性氣體，它們都不願意發生化學反應，而緊鄰它們的鹵素則特別不穩定。

這些模式在週期表完成之前就被發現了，事實上，週期表的創建者門得列夫（Dmitri Mendeleev）甚至根據模式，為他知道**應該**存在的元素留下了空位。

元素週期表中的模式引發了有關電子軌道的理論，從而發現了亞原子物質的基本性質。一次又一次地，科學家透過辨識觀察中的模式，尋找可以讓他們深入瞭解真正發生的事情的隱藏屬性，因此發展出新的自然理論。其實我們自己也一直不自覺地這樣做。觀察高速公路交通量在一天中的變化，可以知道標準營業時間。地毯的褪色圖案也可以讓你推斷出房間的哪些部分曬到最多太陽（從而間接告訴你地球和太陽在太陽系中的方位）。

就粒子物理學而言，對稱性的運用通常很像建立新的元素週期表，但用再更小的自然建構塊。粒子之間的相似性（例如它們的電荷、質量或自旋）可以提供關於它們的形成、或它與基本力的連結是否相似的線索。透過排列這些粒子的模式，物理學家可以辨識出成為整個理論定義特徵的對稱性。

其中一些模式從數學上最容易看出。如果你寫下一個方程式來描述一個物理過程，然後發現你可以交換一些項，而不實際改變方程式描述的物理現象，那麼你就發現了數學對稱性。它可能透露了一些關於你所描述的粒子或場的深刻資訊。

這種以對稱為導向來看待粒子及其之間關係的方式，在物理學中非常普遍，以至於我們會發現自己使用指涉數學對稱性的方式，作為理論本身的簡寫。例如，電磁學經常被稱為 U（1）理論，因為其在數學的某些方面與圓具有相同的對稱性，而「U

（1）」是描述繞圓旋轉的數學群的簡寫。

對稱**破缺**事件是指條件突然變化，以至於你所寫下的用於描述粒子如何相互作用的理論，呈現出不同且不太對稱的結構。發生對稱破缺後，就不能再以相同的方式交換方程式中的符號，而這種對稱性的變化本身，就表現為物理世界中行為的改變。

我們在物理學中處理的一些對稱性是抽象的，只在數學中才明顯，但有些對稱性是常見的東西。旋轉對稱，是指某物旋轉某個角度後仍看起來相同（例如圓形或五角星）。平移對稱，意味著如果將某些東西移到一側，它看起來是一樣的（例如長尖樁籬笆移動了一個尖樁的距離，或者一條長直線滑出1公分）。打破對稱性涉及對情況採取一些措施，使對稱性不再起作用。酒杯具有完美的旋轉對稱性，直到某一處沾上口紅痕跡。柵欄具有平移對稱性，直到其中一個板條被破壞為止。即使是晚宴也可能會出現對稱破缺事件，正如一群物理學家在上酒後的會議宴會上經常觀察到的——你在餐點還未送上時耐心等待，手邊是一排排令人困惑的銀器，你的兩邊各有一個小麵包盤，所以你身處在一個旋轉對稱的情境。一旦有人向右或向左拿起麵包盤，對稱性就會被打破，其他人就可以照做。[7]

---

7 原注：兩人同時伸手去拿相對兩側的麵包盤會導致堆積，物理學家稱之為「拓樸缺陷」（topological defect）。在這個特定的情況下，它將是一個域壁（domain wall），如果在宇宙中放任其失控，它將主宰宇宙並導致大崩墜。這就是為什麼我總是等別人先挑好麵包後再拿。

無論我們運用的是哪種對稱性，作為物理學家，我們都會在描述相互作用的方程式中看到它。有多種方法可以在方程式中編碼旋轉、反射和平移對稱性，如此一來，無論你如何旋轉、翻轉或移動相關系統，物理原理都保持不變。方程式還可以編碼更微妙的對稱性，最好使用群論和抽象代數來描述，這些對稱性**有趣極了**，遺憾的是遠遠超出了本書的範圍。

當電弱對稱破缺發生時，這時宇宙還遠遠未達到 0.1 奈秒的成熟老年，這是一種對物理結構基本層面的重新排列。[8] 在我們的後電弱時代宇宙中，粒子相互作用時必須遵循的規則完全不同。以前氣態的希格斯場已經變成海洋了。

水的比喻並不完美。當你在水中移動時，你會因阻力而減慢速度，這意味著如果你停止出力，你就會停下來。在大質量粒子與希格斯場相互作用的情況下，這種相互作用不會隨著時間而減慢它們的速度。任何在真空中移動的東西都會繼續做它正在做的事情。就大質量粒子而言，這通常包括以非常高（但仍低於光速）的速度穿過宇宙。大質量粒子和無質量粒子之間的主要區別在於，為了改變速度，在真空中移動的大質量粒子需要推力，而無質量粒子則會毫不費力地以光速移動。事實上，無質量粒子只能以光速行進。

因此，我們這些偶爾能安穩坐著的人，應該感謝希格斯場做了它所做的事情，並打破了電弱對稱性。希格斯場不僅賦予

8　原注：我們先前討論過這種轉變，以及它對早期宇宙的意義，在第二章。

粒子具有質量的能力，還決定了自然界的幾個基本常數，例如電子的電荷或粒子的質量。希格斯場恰好位於它所在位置的情況下，我們所生活的特定物理狀態，被稱為我們的「希格斯真空」或「真空狀態」。如果希格斯場是其他數值，或對稱性以其他方式破缺，我們可能根本無法存在。我們享有這樣一個宇宙，其中粒子的質量和電荷有完美的設定，使它們能夠以分子形式聚集在一起，形成結構，並進行生命的化學過程。如果場域是其他值，這種微妙的平衡可能會被打破，使這些鍵結無法形成。我們的整個物質存在，都要歸功於希格斯場已經固定在目前的值。

這就是事情開始變得有點危險的地方了。

像 LHC 這樣的實驗，創造了類似早期宇宙的極端條件，不僅幫助我們探究物理定律的現狀，還幫助我們瞭解物理定律在不同情況下可能會是什麼樣子。2012 年，當物理學家終於能夠在粒子碰撞中產生希格斯玻色子時，測量其質量，就能產出粒子物理標準模型中最後一塊缺失的拼圖。它不僅讓我們得以瞥見希格斯場的當前值，還讓我們有機會知道希格斯場所有可能的值。

好消息是，希格斯質量的測量結果，與標準模型合理且數學上一致的公式完全相符，該模型迄今為止已出色地通過了所有實驗測試。

壞消息是，標準模型描繪的一致景象也告訴我們，我們的希格斯真空——支配物理世界的一組完美平衡的定律——並不穩定。

我們美麗的宇宙似乎是在苟延殘喘。

## 斜坡宇宙

我們的真空可能並不穩定的想法並不新奇。早在 1960 年代和 1970 年代，物理學家們就興致高昂地撰寫論文，想像宇宙可能經歷災難性的衰變過程，摧毀我們所知的所有生命，甚至所有有組織物質的可能性。當然，在當時真空衰變只是一個有趣的想法，可以放在方程式裡玩，並沒有實驗數據支持。

直到現在。

要瞭解真空衰變，我們必須先瞭解「位能」（potential）的概念，這是一種數學結構，代表場的值如何變化以及它「偏好」待在哪裡。你可以將希格斯場想像成一顆鵝卵石，從斜坡上滾入山谷，其位能以斜坡表示。正如鵝卵石會停在山谷底部一樣，希格斯場會尋求最低能量狀態，即位能處於最低值處，並停在那裡，如果沒有被什麼東西擋住的話。位能的簡圖可能看起來像一個 U 形，U 形的底部就是山谷的底部。當電弱對稱破缺發生時，它產生了支配希格斯場的位能，正如我們一般想像的，希格斯場現在安全地穩定在底部。

問題是，這可能並不是真正的底部。有可能存在另一種真空狀態，位能甚至更低。想像一個傾斜而底部圓潤的 W 形，其中一個山谷（代表我們的希格斯場不在的地方）比另一個山谷低一點。如果希格斯位能具有第二個較低的谷，它就會突然從一個良好的數學結構，變成對宇宙的生存威脅。

無論希格斯場現在處於哪個位能，它都為我們提供了一個完美宜居、舒適的宇宙。我們擁有的自然常數，與鍵結粒子和固體、與生命相容的結構很好地相容。如果可能存在另一種狀態，使位能降低，那麼這一切都會陷入險境。

在這種情況下，希格斯真空只是**亞**穩定的，即目前……看似……穩定的。希格斯場被卡在位能看起來像谷底的部分，

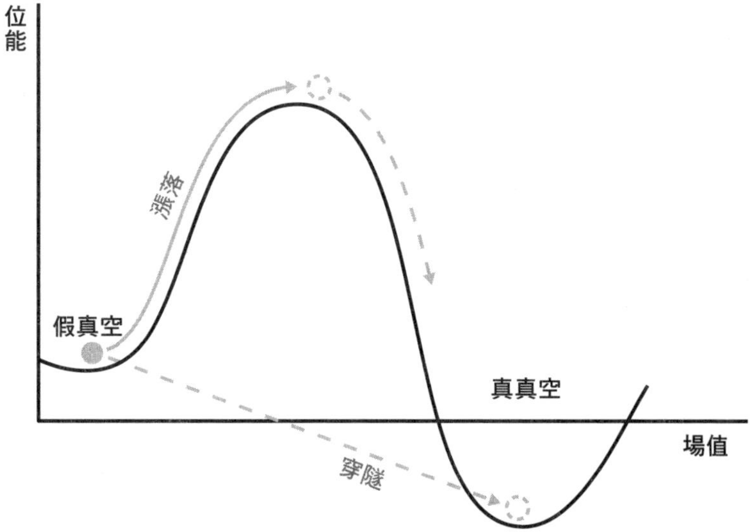


**圖 17：假真空狀態下希格斯場的位能。**位能中的每個谷都是宇宙的一種可能狀態。如果我們的希格斯場位於較高的山谷（假真空），它可以透過高能量事件（漲落）或透過量子穿隧過渡到其他狀態（真真空）。如果我們生活在一個假真空宇宙中，希格斯場向真真空的轉變將是災難性的。

但實際上更像是谷壁上的一個凹洞。它可以在那裡停留很長一段時間——足夠長的時間，足以滿足星系的生長、恆星的誕生、生命的演化，以及多到滿出來的超級英雄電影的製作和發行——但陰影揮之不去，如果有足夠大的擾動將它踢出邊緣，就再沒有什麼可以阻止它跌落到**真正的**谷底了。那將是非常、非常、世界末日性的糟糕。我們很快就會詳細討論其中的原因。

不幸的是，我們目前掌握的最好的數據，與粒子物理標準模型的每一次測量一致，表明我們的希格斯場目前正卡在這樣一個凹洞裡。這種亞穩態也稱為「假真空」，與谷底的「真」真空相反。

處於假真空有什麼問題嗎？很可能一切都是問題。假真空充其量只是讓我們暫時免於最終毀滅。在假真空中，物理定律，包括粒子存在的能力，取決於隨時可能被打破的不穩定的平衡行為。

一旦平衡被打破，就稱為真空衰變。它快速、乾淨、無痛，並且能夠摧毀一切。

## 死亡量子氣泡

如果要發生真空衰變，必須有一個觸發因素——讓希格斯場漂移得足夠遠，找到與「真」真空相對應的位能部分，並意識到它寧願在待那裡。[9] 超高能量爆炸，或是黑洞災難性的最終蒸發，甚至是不幸的量子穿隧事件（稍後會詳細介紹）都可能成為觸發因素。如果宇宙中有任何地方出現這些情況，就會引發勢不可擋的末日浪潮，萬事萬物將無一倖免。

首先是一個氣泡。

無論事件發生在哪裡，最先都會形成一個真真空的微小氣泡。這個氣泡包含著一個截然不同的空間——在這個空間中，物理過程遵循不同的定律，並且自然粒子被重新排列。它在形成的那一刻，只是一個無限小的點，但已經被能量極高的氣泡牆包圍，足以燒毀它接觸到的任何東西。

然後氣泡開始膨脹。

因為真真空是更穩定的狀態，所以宇宙「更偏好」這種狀態，只要有絲毫機會就會回歸，就像把一塊鵝卵石放在斜坡上一定會滾下去一樣。氣泡一出現，它周圍的希格斯場就突然被震落到谷底。就好像第一個事件將附近每一個搖搖欲墜的鵝卵石都撞飛了，然後雪崩蔓延開來。越來越多的空間轉為真真空狀態。任何不幸進入氣泡路徑的物體，都會先受到以幾近光速接近的高能量氣泡壁的撞擊。然後它們會經歷一個只能稱為完全解離的過程，因為以前將原子和原子核中的粒子保持在一起的力，將不再起作用。

也許這樣讓人猝不及防才是最好的。

從鳥瞰角度看，這個過程聽起來很戲劇性，但如果氣泡出

---

9　原注：當然了，希格斯場本身沒有偏好；完全是受位能支配。但它迫不及待跳入真真空的樣子，絕對會給人一種熱情的印象。

現時你剛好站在附近，你不會有知覺。以光速向你襲來的東西你是看不見的——任何警告你它正在接近的小閃光，都會跟那東西同時到達。你沒辦法預見它的到來，甚至不會知道出了什麼問題。如果它從下面接近你，會有幾奈秒的時間你的腳不再存在，而你的大腦仍然認為它還在看著腳。幸運的是，這個過程也完全無痛：你的神經脈衝永遠無法趕上氣泡帶來的解體。這真的是一種憐憫。

當然，氣泡不會到你就停下來。在其不斷擴大的半徑內，任何行星或恆星都會遭受同樣的命運，它們也同樣對其渾然不覺。整個星系被吞沒並消失。真真空完全抹除了宇宙。唯一能夠逃脫的區域，是那些距離遠到宇宙的加速膨脹使它們永遠超出氣泡視界的區域。

事實上，當我們現在坐在這裡平靜地喝茶時，真空衰變完

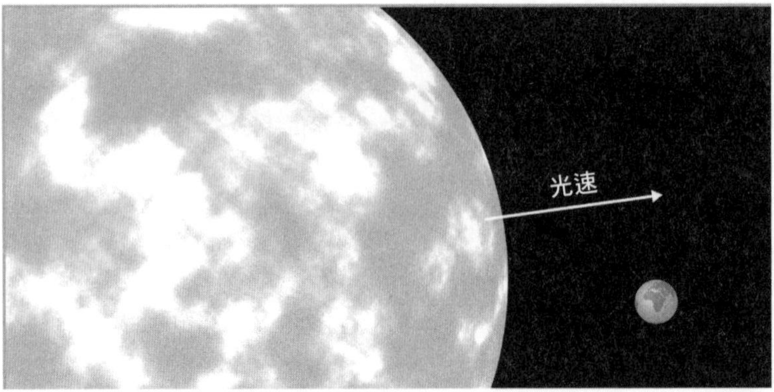


**圖 18：真真空氣泡。**如果真空衰變事件發生在宇宙的某個地方，它會導致氣泡以光速向外膨脹，摧毀其路徑上的一切。

全有可能已經發生。也許我們很幸運，氣泡在我們的宇宙視界之外，吞噬了我們永遠不知道的星系。又或者，從宇宙的角度來看，它就在隔壁，以相對論的隱密方式悄悄接近，注定會在瞬息之間讓我們措手不及。

## 捅了馬蜂窩

你不應該擔心真空衰變。真的。有幾個原因。當然，有一些是顯而易見的：它一旦發生就沒辦法阻止；而且你也不可能知道它即將發生；再來嘛它不會痛；最後，也不會有人能夠倖存並思念你，所以擔心有什麼意義呢？你還不如仔細檢查家裡的煙霧警報器電池，或是，我也不知道，遊說關閉火力發電廠之類的？但如果因為某些原因，這些還不夠令你放心，我也可以相當肯定地說，真空衰變極不可能發生——至少在未來數萬億年內如此。

理論上，真空衰變有幾種發生方式。

最直接的就是某種高能量事件。你可以把它想像成一場地震，將鵝卵石從凹洞中撞出來，使其垂直落到谷底。幸好，這樣的「地震」必須是無比強大的那種才行。根據最佳估計，這一事件的能量必須比我們在宇宙中目睹的最具破壞性的爆炸要大得多，而且肯定比我們用人造機器（如 LHC）製造的能量高出幾個數量級。如果有人擔心這一點，我們可以不厭其煩地重申以下事實：宇宙中的粒子碰撞現在是，而且一直以來都是，比 LHC 或任何其他機器可能達到的更高能量狀態，既然我們之前沒有在眨眼間就不復存在，我們這種相當於現代版的敲擊石頭舉動，其實根本不會構成任何威脅。

創造足夠高的能量事件以直接觸發真空衰變的難度，取決於假真空和真真空之間位能障壁的高度。回到卡在凹洞中鵝卵石的比喻，這裡的位能障壁就是凹洞的深度。在我們目前對希格斯位能真實形狀的最佳猜測中，這個凹洞其實相當大，有高高的山脊將之與更深的真真空低谷隔開。將鵝卵石踢過山脊（或將希格斯場推過其位能障壁）所需的能量非常高，根本無需擔心。

除非……我們生活在一個不遵循這些規則的宇宙中。我們的宇宙從根本上來說是基於量子力學的，在量子力學中，如果你生活在亞原子尺度上，從一個地方到另一個地方的路徑，在極罕見的情況下，可能會讓你在瞬間直接穿過固體物體。如果你站在一堵牆前面，你可能不需要獲得足夠的能量去跳過它，而是你根本可以直接一步穿過它。特別是如果「你」是希格斯場的話。

## 穿隧進深淵

「量子穿隧」（Quantum tunneling）聽起來像是某種科幻小說的用詞，或是某種晦澀難懂的理論，就是物理學家一邊竊笑一邊寫下古怪方程式的那種。比方說，沒錯，量子力學說你永遠無法真正確切地說出粒子在哪裡，或者它在傳播時所走的路徑。這意味著，如果想要得出結果，你必須寫下並計算**所有**的路徑，甚至是那些奇奇怪怪的路徑，例如將粒子從實驗室的一側透過三個城市以外的咖啡店發送到實驗室另一側。但這並不意味著粒子**真**能做到這一點，對嗎？

事實上，粒子的**真實**行為這個問題，出乎意料地難以回答，並引發了長達數十年關於量子力學解釋的爭論。粒子從 A 點到 B 點之間到底去了哪裡仍是個謎，這實際上**意味著**粒子**被測得**為微小的局部物體，但又遵守波在空間中傳播的**數學原理**。

能讓每個人都同意的只有數據，而這些數據非常清楚地表明，穿過看似無法克服的障壁，是粒子非常樂意也經常做的事情。無論粒子在此期間到底去了哪裡，很明顯，牆壁無法阻止它。這種逃脫藝術對粒子來說是非常正常的行為，以至於設計手機和微處理器等產品的人們必須考慮到這樣一個事實：有時候，原本表現良好的電子，就會突然出現在晶片錯誤的一側。包括快閃記憶體在內的一些技術，有時也會利用這一點。掃描穿隧顯微鏡把可能出現的穿隧當成閥門，將電子緩慢滴到表面上，並獲取單個原子的圖像。

讓電子偷偷穿過小縫或擠過絕緣屏障是不錯的花招，但一旦你意識到量子穿隧不僅可以由粒子實現，還可以由場實現時，它就會變得大大不祥。像希格斯場這樣的場，雖然與巨大的真真空低谷之間有一個位能障壁隔開，但它完全可以直接穿隧而過。美麗宜居的宇宙和最終的宇宙災難之間唯一的障壁，突然之間看起來不那麼堅固了。

（還算）好的消息是，即使是像量子穿隧這樣奇怪的東西，實際上也遵循某些規則，至少在其發生的預期機率方面是如此。穿隧事件的機率是基於系統的物理特性，這意味著在一段時間內發生穿隧事件的可能性可以是已知的。它並不是全然地無法無天。儘管量子力學可能很難完全理解或解釋，但它至少是可以計算的。

但我們計算的這些「規則」並沒有比機率更令人放心。我們不能自信地說，希格斯場**不會**在接下來的 30 秒內穿過位能障壁，並在你身旁產生量子死亡氣泡，從而引發難以想像的破壞過程，永遠撕裂空間。我們可以說的只有：這種情況的可能性極低（至少，就「在接下來的 30 秒內」部分是這樣。如果我們的真空確實是亞穩態的，嚴格來說，氣泡終究會出現）。

我們的最佳計算結果指出，我們美好宜居的真空，不太可能在短期內經歷徹底的重新排列——在撰寫本文時，最新的估計給我們留了超過 $10^{100}$ 年的時間。在那之前，我們很可能早就陷入熱寂的過程，或者，如果我們非常不幸的話，可能會被大撕裂四分五裂。那時相較起來，也許即時無痛的抹除也不算太糟。

所以，嚴格來說，我不能肯定地告訴你真空衰變不會發生。我也不能肯定地告訴你，它沒有早就發生在我們太陽系的某個地方，或是銀河系的另一邊，或是在另一個星系，創造出一個光速膨脹的氣泡，正悄悄地逼近我們。但我可以告訴你，如果你想給自己的焦慮分個等級，你這一生被閃電擊中、被失控的汽車撞上、被狂暴的牛攻擊，甚至被隕石擊中的機率，都要比遇上自發出現的真真空氣泡來得高。

不過，還有一個問題。

我們至今已經提及以下事實：我們無法透過高能量粒子碰撞，產生我們自己的真空衰變氣泡，而自發性穿隧事件發生的可能性極低，也許我們根本應該努力忘記曾經聽過這東西。但最近，物理學家提出了另一種真空衰變摧毀宇宙的方法，而我必須說這方法還挺酷的。

## 小但致命

2014 年，格雷戈里（Ruth Gregory）、莫斯（Ian Moss）和威瑟斯（Benjamin Withers），以該主題的一些相關文獻為基礎發表了一篇新論文，引起了我的注意。論文中解釋道，雖然自發性真空衰變非常緩慢，但黑洞的存在可以大大加快這個過程，並且讓事情變得更加令人玩味。事實上，他們認為，真正危險的是**小**黑洞，因為粒子大小的黑洞會急遽增加在其頂部發生真空衰變的機會。也許我們根本不需要等上 $10^{100}$ 年。

它的運作原理類似於在潮濕房間裡的一粒塵埃在其周圍凝結水的方式，或者雲在高層大氣中形成的方式。塵埃顆粒是一個成核點（nucleation site）——這使它有別於其他點，使凝結水的過程更容易發生。就雲和水而言，如果有其他東西可以讓水分子先黏上去，水分子就更容易聚在一起。因此，雜質可能會引發連鎖反應，打破事情原本的持續狀態。結論是，微小黑洞可以成為真真空氣泡的成核點，但前提是它要非常小。

對宇宙來說，幸運的是，有鑑於我們目前對重力物理學的理解，微小的黑洞並不容易製造。一般來說，我們認為黑洞只有在質量大於太陽時才會形成，是大質量恆星在生命末期崩潰的結果。這些黑洞可能會透過吸入物質或相互合併而成長到更大的質量，但縮小則完全是另一回事。它們只能透過霍金蒸發來散失質量（請參閱第四章），這需要很長的時間。與太陽一樣大的黑洞，預期壽命約為 $10^{64}$ 年。在那段時間結束時的某個時刻，黑洞可能會變得小到足以引發真空衰變，但我們還要等很長一段時間才需要真正擔心這一點。也有人假設，在早期宇宙中，由於熱大霹靂的極端密度，可能會形成微小的黑洞，但到目前為止，我們還沒有任何證據能證明這一點。更何況如果真的有這些小黑洞形成，又如果小黑洞真的能破壞真空的穩定，那麼也不會有現在的我們了。因此，如果我們考慮到這一點並相信真空衰變的可能性，那麼任何預測微小原初黑洞的理論都一定是錯的，因為我們存在。

出於好玩，我們之中有一些人也一直想知道，除了那些自宇宙誕生之初就存在的小黑洞，是否有辦法製造出小黑洞。製造微小黑洞的想法不是近期才有。除了以可怕的理論方式來說這種想法非常可愛之外，這些迷你怪物還可以告訴我們重力是如何運作的，黑洞是否真的會做那種很酷的蒸發，甚至是否可能存在我們看不到的額外空間維度。

多年來，物理學家一直在梳理粒子對撞機得出的數據，希望看到一些明顯的跡象，能指出質子之間的一次碰撞，有可能成功地將如此多的能量放入如此小的空間中，以至於它立即塌縮成一個微小的黑洞。根據傳統思維，即不考慮真空衰變的可能性的話，這些微小黑洞的出現**應該**是無害的。根據理論，它應該會立即透過霍金輻射蒸發，即使沒有，它也可能以相對論速度朝著某個方向移動，在極短的時間內遠離我們，因為碰撞的時機和準度不可能完美到使粒子完全停止。另外，為了使粒子對撞機中發生的碰撞能夠產生微小的黑洞，亞原子粒子所感受到的重力必須比愛因斯坦重力方程式所暗示的更強。據我們所知，**這種情況**唯一可能發生的方法，就是存在額外的空間維度。我們將在下一章詳細討論這一點，但簡單地說，擁有比我們通常的三維空間以外的維度，可以使重力在非常小的尺度上更強一些，因此可以讓 LHC 的碰撞產生小黑洞。

因此，如果我們能夠在 LHC 中製造黑洞，我們就有證據表明空間的維度比我們想像的要多。對於尋找令人興奮的新物理跡象的物理學家來說，這似乎是個好消息！當然，如果我們試圖在 LHC 中製造的那些小黑洞，有可能引發真空衰變並導致宇宙終結……那就太遺憾了。

幸運的是，沒有這個可能性。身為物理學家，我們對這一點的把握迄今為止已經接近絕對確定。使它們無罪釋放的主要事實是，如前所述，宇宙射線造成的碰撞，比我們用對撞機製造的威力強大得多。如果我們真能用質子碰撞製造出黑洞，那宇宙早就不知道創造出多少黑洞了，然而，看啊！我們還在呢！因此，要麼黑洞根本沒被製造出來，要麼它們是無害的。

另一個原因是，微小黑洞似乎必須達到一個質量閾值，才能稱得上有假設性的危險。而粒子對撞機可能產生的黑洞質量絕對低於該數值，就像太空中發生的許多碰撞一樣。還有一個額外的好處是，我們中的一些人已經在努力利用這一事實以及我們的持續存在，來證明可能存在的額外維度尺寸必然有其限制[10]（就我個人來說，身為對檢驗不同物理理論深感興趣的宇宙學家，我始終覺得能夠將宇宙末日的缺失作為一個數據點很有趣）。

那麼，現在先把小黑洞放到一邊，真空衰變留給我們的是什麼？至今我們所研究過的所有其他可能的宇宙終結，至少都為我們提供了一點安慰，那就是它們都將發生在極遙遠的未來，以至於我們大可放心地把這些問題，留給在人類早已滅絕後宇宙中仍存活的任何實體去煩惱。然而，真空衰變的特殊之處就在於，嚴格來說，它隨時都可能發生，即使這種可能性極低，其結局也是獨一無二的極端和突如其來。

1980 年，兩位理論家科爾曼（Sidney Coleman）和德盧西亞（Frank De Luccia）計算出，真真空氣泡不僅包含完全不同（且致命）的粒子物理排列，而且也包含一種本質上重力不穩定的空

---

10 原注：具體來說，這裡的「我們中的一些人」，指的是我和我的同事麥克尼斯（Robert McNees）發表在 2018 年《物理評論 D》（*Physical Review D*）的論文。很有趣哦。

間。他們解釋說，一旦氣泡形成，內部的一切都會在幾微秒內因重力而崩潰。然後他們寫道：

> 這令人沮喪。思及我們可能生活在假真空之中，總是令人備感沉重。真空衰變是終極的生態災難；在新的真空中，有新的自然常數；真空衰變之後，不僅我們所知的生命不可能存在，我們所知道的化學也將成為過去。然而，人們總是可以從這樣一種可能性中獲得起碼的安慰：也許在新真空期間，至少也能維持一些能夠感受快樂的結構，即使不是我們所知道的生命形式。但這種可能性現在已完全消失。[11]

## 不知的快樂

當然，相對而言，真空衰變是一個相當新的想法，融合了多種極端物理學，很有可能我們對它的看法在未來幾年內會發生巨大轉變。也許更詳細、更嚴謹的計算會給我們不同的答案。這些問題艱鉅而複雜，距離達成共識還有很長的路要走。

如果結論是我們的真空確實是亞穩態的，就可能與宇宙膨脹理論不相容。暴脹期間的量子漲落或之後的環境熱量，似乎足以在宇宙誕生的最初時刻引發真空衰變，從而否定我們的存

11 原注：我個人覺得，這段討論是我在學術期刊上見過最美的物理詩歌。

在。顯然，這並沒有發生。這暗示著我們要麼是不瞭解早期宇宙，又或者真空衰變根本不可能發生。

無論你是否相信早期宇宙理論，認真看待真空衰變的基礎，是對粒子物理學標準模型的高度信任；而我們都知道這不可能就是全部。暗物質、暗能量以及量子力學和廣義相對論的不相容，都表明宇宙中存在著比我們目前所能記錄到的更多東西。順帶一提，無論出現什麼來取代標準模型，都能讓我們免於為量子死亡任性妄為的氣泡提心吊膽。

又或者，基礎物理學的擴展，將為宇宙提供全新的終結方式。額外空間維度的可能性——同樣誘惑著對撞機物理學家希望製造出微型黑洞——將宇宙擴展到未知的新領域。就像逼近地圖邊緣的探險家一樣，我們不知道會發現什麼。更高的空間維度，或許能讓我們用重力理論解決一些長期存在的問題，但它們也伴隨著一個警告，在日益擴大的宇宙地圖邊上潦草地寫著：這裡有怪物。

# 回彈

哈姆雷特：天啊，若不是我做了噩夢，

我將受困一隅，還自以為是無限天地之王。

——莎士比亞，《哈姆雷特》

2015 年 9 月 14 日上午 9 點 50 分 45 秒（世界標準時間），有那麼一剎那，你長高了一點點。

13 億年前，兩個質量各自比太陽大三十倍的黑洞猛烈合併，產生的重力波從此不斷在宇宙中傳播，扭曲經過的空間，然後在那一刻波峰沖刷過你。你可能沒有注意到這種拔高——畢竟，你只長高了不到質子的百萬分之一寬——但雷射干涉重力波天文台（Laser Interferometry Gravitational-Wave Observatory，LIGO）的物理學家注意到了。重力波的首度測得是長達數十年探索的積累，不斷開發新技術並創建實驗物理史上最靈敏的設備。當它終於探測到時空漣漪時，被讚譽為是愛因斯坦廣義相對論的最終證明。

但更重要的是，這是天文觀測新時代的曙光，為宇宙開啟了一種全新的觀察方式。現在，我們不再需要從遙遠的來源收集光或高能量粒子，而是可以主動去感受空間本身的振動，有如首度打開一扇窗，得以去觀察足以動搖現實基礎的遙遠宇宙暴動。

自首次探測發現以來，重力波天文學不斷向我們展示黑洞和中子星的旋近和災難性合併，並使我們能夠以前所未有的精確度研究重力的運作方式。但重力波可能還掌握著更根本問題的關鍵。它們可能會讓我們對宇宙的形狀和起源有新的認識，並呈現「確定宇宙之外是否存在某種東西」的可能性——某種最終可能會摧毀這一切的東西。

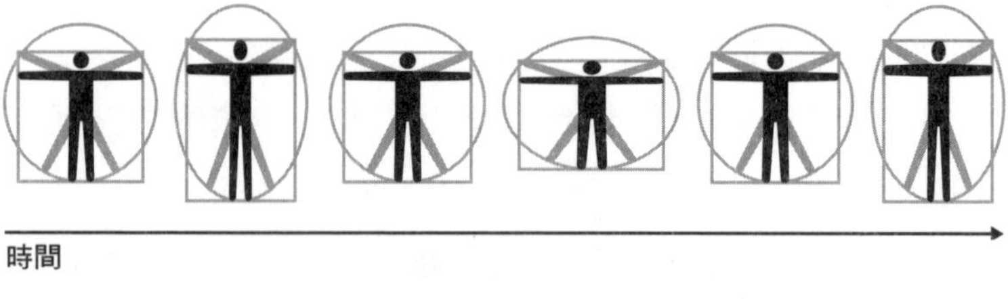


**圖 19：重力波經過時的影響示意圖。**當重力波正面撞擊時，它會使通過的空間在垂直方向拉伸，同時在水平方面擠壓，然後再倒回去，每個波峰經過時皆是如此。如果你在重力波經過的路徑上，你會變高、變瘦一點，然後又變矮、變寬一點，如此反覆，直到重力波過去。你身體的拉伸幅度大約只有質子寬度的百萬分之一。

## 重力不可承受之弱

我們很早就知道重力肯定有問題。它運作得太好了。到目前為止，愛因斯坦的廣義相對論在所有受測情況下都表現得非常完美。幾十年來，物理學家一直試圖揪出某種偏差，好證明愛因斯坦理論中的簡單[1]方程式也有崩潰的一天。在某個極端區域，例如黑洞邊緣或中子星中心的粒子之間，這些方程式總會出現裂縫吧。目前為止，所有的搜索依舊徒勞無功，但我們確信那弱點一定在某處。

我們有充分的理由抱持疑心。因為與其他作用力比起來，重力實在是個怪胎。它不僅從數學角度看起來完全不同，而且還太弱了。當然，如果聚集了足夠的質量，例如一個星系或黑洞時，重力看起來的確相當強大。但在日常生活中，它很輕易就淪為你所能遇到最弱的作用力。你每次一舉起咖啡杯，就是克服了整個地球的重力。你得把等同於太陽的質量置入城市大小的物體中，才能讓重力在面對把原子聚集在一起的原子力和核力時有一搏之力。

不過，比較作用力不僅僅為了較量力度。在極高能量的環境中，所有作用力都可以用某種方式重新建構為同一件事的不

1 原注：這裡指的「簡單」可能取決於觀點。研究廣義相對論方程式需要對微分幾何有深入的瞭解，就是你在做物理學或數學研究生時才會研究的那種東西。但如果你**是**這樣的人，這些方程式就會像精細吹製的玻璃一樣優雅而透明。

同面向，這一想法通常被認為是真正理解物理原理的關鍵。我們希冀能有某種終極理論——萬物理論——能夠將粒子物理的所有作用力和重力結合起來，足以解釋，嗯，萬物。

但到目前為止，重力依舊不肯配合。我們擁有經實驗證實、堅如磐石的弱電力理論（電磁力和弱核力的統一性）。我們在統一弱電力和強核力的大統一理論方面，也有一些前景非常看好的線索。但每次我們試圖把重力拉進來時，它的無力都會破壞整個畫面。除此之外，重力和量子力學（描述所有其他力的運作方式）對許多事情，例如黑洞邊緣會是怎麼樣的預測，也存在明顯的衝突。因此，如果能找到一種方式將重力拉入陣營，那就幫上大忙了。

所以這裡似乎有幾個選擇。一個顯而易見的方法是完全放棄統一的想法，讓重力繼續當一片特別的理論雪花，與物理學的其他部分無關。完全有可能根本沒有什麼萬有理論，我們永遠無法以合理的方式將它們拼湊在一起。但光是打出這些字，就讓我這個物理學家腳趾抽筋，所以我們還是先把它擺到「**存在危機發生時打破玻璃**」的櫃子裡。

一個更吸引人、更令人興奮的想法是，問題出在我們的重力理論，也就是廣義相對論需要改動或更新，到那一天它們就會融合在一起。在這個方向上，不乏令人印象深刻、動機良好的嘗試。量子重力理論仍是熱門首選，其中弦理論和圈量子重力是最著名的例子，理論學家試圖找到一種方法將粒子物理與重力結合起來，再用弦將它們綁在一起。或是用圈，反正就是那個意思。不管是哪一種場景，最終都會得到一個可以**量化**的重力理論——用粒子和場，而不是用力或空間曲率來表達——而且這些粒子和場，能夠完美融入解釋夸克與電子及光子與整個亞原子世界之間相互作用的量子場論。在這幅場景中，重力是稱為重力子的粒子交換的顯現，就像電場是由於光子在物體之間移動而產生的一樣。而我們目前認為是時空拉伸和擠壓的重力波，也可以被設想為重力子表達其波狀性質的運動。

只可惜，儘管經過了數十年的辛勤研究和極其複雜的計算，我們還沒有找到一個被物理學界廣泛接受的理論。所有提出的想法不僅沒有得到粒子實驗的證實，我們甚至不清楚它們是否**可以**被證實。理想情況下，我們會寫下兩個理論，然後推導出它們對實驗結果會有不同的預測，例如 LHC 進行的那類實驗。問題是，如果你想區分的是只有在比 LHC 碰撞產生的還高出許多數量級的能量之下，效果才會變得清晰的理論，那就相當具有挑戰性了。這導致物理學家提出了各種解決方案，從旨在縮小可能宇宙總範圍的抽象論證，到關於如何在實驗證據可能永遠不會出現的理論領域中取得進展的哲學辯論。

對於我們這些對新數據抱有更多希望的人來說，能提供萬有理論線索的最佳猜測，很可能落在宇宙學上——特別是對早期宇宙的研究上。如果你需要有關極高能量下粒子相互作用的數據，那麼尋找檢視大霹靂的新方法，總是比嘗試建造太陽系大小的粒子對撞機來得容易。

我們已經被推向這個方向了。到目前為止，我們只看到一小部分無法在粒子物理標準模型（或其非常細微的修改版）中解釋的物理現象。其中幾個大現象——暗物質和暗能量——都得到了觀測證據的強力支持。但所有這些證據絕對都來自宇宙學和天文物理學。弄清楚這些神祕的宇宙成分是什麼以及它們的原理，可能是指出這些理論未來發展方向的最大希望。

還有一個事實也指引我們走向宇宙學，即宇宙中物質和反物質之間奇怪的不平衡。目前的理論認為，物質和反物質應該以相等的數量存在，但我們的生活經驗，以及我們得以避免不斷接觸到的一切毀滅現象表明，常規物質的數量佔據絕對優勢。這是如何發生的，仍然是一個謎，但它的線索可能在於對早期宇宙（當這種不對稱性第一次發生時）進行更深入、更詳細的研究。

無論我們最終在哪裡尋找數據，在尋找萬物理論的過程中，我們都有兩種互補的方法。一是檢視我們在自然界中已經看到、不符合既定物理理論的現象，這樣我們就可以建立新的、更好的理論來解釋它們。另一種是嘗試打破我們現有的理論——寫下尚未經過測試的假設性極端情況，看看我們是否可以找到一種新的方法去看數據，判斷理論在這種情況下是否仍然適用。這兩種方法的結合，幾乎就是我們在物理學領域取得進步的方式。藉此，我們從能夠完美解釋日常生活的牛頓重力，前進到愛因斯坦的廣義相對論。對於從斜面滑下的物體來說，廣義相對論可能是殺雞用牛刀，但對於解釋空間中巨大物體周圍光的彎曲，或是太陽重力井深處水星軌道的微小變化來說，則是必不可少。

牛頓重力必須被取代，這樣我們才能轉向更高級的廣義相對論。現在輪到廣義相對論被下一個重大理論給取代了。

但廣義相對論像銅牆鐵壁般讓人無從下手，所以我們可能不得不重新安排整個宇宙。

《銀河飛龍》中有一集經典情節，在經歷了一系列複雜的事件後，克拉夏醫生最後成為船上的唯一一人，而船卻被困在某種霧濛濛的奇怪氣泡中。發生了太多怪事，包括其他船員的突然失蹤，而這一切都與感測器的讀數不一致，她的醫學專業知識告訴她，她很有可能產生了幻覺。但她的醫學診斷卻沒發現任何問題，此時她得出了一個符合邏輯的結論：「如果我沒有任何問題，」她說，「也許有問題的是宇宙！」事實證明（抱歉劇透，但這一集是在 1990 年播出的；你原本有三十年的時間可以去看），她是對的。

截至目前為止，有些物理學家懷疑重力那不合群的弱，可能會迫使他們得出類似的結論。也許重力的強度並沒有什麼問題。也許有問題的是讓重力**看起來**比實際情況弱的**宇宙**。

是什麼會讓重力看起來很弱？答案可能是出乎意料地平凡。它正在洩漏。進入另一個維度。

原理如下。你也許知道，我們通常認為宇宙有三個維度的空間（東西、南北、上下）。在相對論中，我們將時間也視為一個維度，並談論 4D 時空中的位置（空間中的位置，和過去—未來連續體上的某個時刻）。在**大額外維度**（large extra dimensions）場景中，還有另一個或多個方向是我們無法接觸到的。我們時空的所有空間部分都僅限於 3D「膜」（brane），在那之外還有更大的空間，朝我們有限的人類大腦只能用數學方式概念化的新方向（或多個方向）延伸。補充說明，「大額外維度」中的「大」是個有點誤導性的語詞。一般來說，如果我們的宇宙確實有額外的維度，那麼它在我們通常的三個維度上可能實際上是無限的，但在新的方向上延伸不超過 1 公厘（請想像一大張非常薄的紙——從技術上講，它是一個三維物體，儘管它的兩個維度比第三個維度大得多）。但是對習於測量使原子看起來很大的粒子物理學家來說，公厘可能相當於公里。因此，我們將自己的膜之外的額外空間稱為「體」（bulk）。

在這種情況下，粒子物理學和重力的作用仍然存在本質上的不同，但這並不是因為它們固有的強度。它們的不同之處在於，粒子物理學中的所有自然力——電磁力、強核力和弱核力——都被限制在膜上。對它們來說，更大、更高維度的體並不存在。但重力沒有受這種限制。重力直接作用於時空，包括我們 3D 膜之外的時空。因此，我們空間中的一個巨大物體產生的重力，會因為洩漏到體之中而失去一點點表面強度，就像墨跡因滲入紙張而顯得顏色較淡一樣。事實上，與我們習以為常的維度相比，新維度是如此之小，這意味著這種洩漏不太明顯，除非你是在測量物體在公厘距離的重力效應，而這是非常難測量的。畢竟，大多數時候，如果你靠近一個物體並且離它遠 1 公厘，你不會注意到你對它的重力明顯減少了。

不過，一旦弄清楚如何在公厘尺度上進行測量，你就可以測試重力的減少是否符合標準方程式的預期。回到紙上墨跡的類比，如果你將 1 公升墨水滴在一張紙上，它看起來還是像 1 公升墨水。但如果你一滴一滴地去測量，就會發現它因為浸入紙張纖維而會損失了一些。如果額外維度的寬度為公厘，而你甚至可以在這種尺度上測量重力變化，那麼你滲透到額外維度體的重力量，將與你嘗試檢測的重力量相當。你會看到重力強度的下降速度，比你根據廣義相對論預測在非洩漏空間中的要快，這將明顯顯示有哪裡不太對勁。

到目前為止，雖然我們對重力之弱的解釋仍然沒有任何其他共識，但儘管我們越來越擅長在非常小尺度上測量重力，我們也沒有發現任何可靠的跡象，能夠證明這種洩漏實際上正在發生。雖然從理論角度來看，額外維度聽起來很有吸引力，但它們的存在更像是一種有趣的可能性，而不是我們宇宙的一個已證實的特徵。在很大程度上，理論的原始動機已經消失，幾乎所有透過洩漏解釋重力之弱、最令人信服的理論都被排除了，因為它們所預測的變動程度，我們早就應該已經能夠檢測到了。儘管如此，我們仍在繼續尋找，因為如果額外維度確實存在，它們將為重力和宇宙提供全新的視角。我們的整個宇宙位於一個藏身於更大時空內的膜上，這代表可能有其他宇宙存在，也許在附近的膜上，它們也許能以其重力影響我們的宇宙。更戲劇性的是，膜之間的相互作用，也許可以為我們宇宙的起源提供一個新的可能性。當然，還有它的最終毀滅。

火劫宇宙（ekpyrotic cosmos）登場。

## 宇宙的鼓掌

我第一次遇到關於宇宙起源（和命運）的火劫理論，是在劍橋大學一場非常引人入勝的物理講座上，演講者是該講座的創始人圖羅克（Neil Turok）。第二次則是在一個關於外星人的科幻故事中。由於為解決早期宇宙物理學中的複雜問題而發展出的深奧理論結構很少出現在小說中，所以這在當時頗為新奇。懷特（Lori Ann White）和沃頓（Ken Wharton）在合著的《混雜信號》（*Mixed Signals*）中，講述了一系列最終似乎與重力波有關的奇怪事件。具體來說，就是異常強大的重力波過於規則，不可能是由通常的嫌疑犯（黑洞或中子星碰撞）引起的。最終，主角們發現這些波是來自智慧生物的訊號，透過更高維度的「體」（bulk）發送，來自**另一個膜**。作者甚至公開提及火劫模型，解釋說在這個理論中，我們的宇宙只是高維空間中的幾個三維膜之一，在這個高維空間中，只有重力可以傳播。如果重力可以穿過體，重力波的確可能是絕佳的膜間通訊機制。

雖然嚴格來說，附近膜宇宙中存在其他文明的可能性從未被排除，但這個假設的主要目的是解釋**這個**宇宙的起源和毀滅。在講座和科幻故事後不久，我恰好跟著斯坦哈特（Paul Steinhardt）做關於早期宇宙物理學的博士論文，斯坦哈特正是與圖羅克合作提出火劫模型的人。雖然我更關注我們宇宙起源的其他理論，但在小組會議和討論中還是會經常遇到火劫理論（不知何故，從未有人提起外星人）。

從那時起，火劫理論歷經修改和概括，最新版本根本不包括額外維度。但正如科學中經常發生的那樣，一個最終可能行不通的新想法，仍然可以激發出思考問題的不同方式，引導我們走向一個全新的（希望是更好的）方向。那麼，讓我們從最初的想法開始。畢竟，它確實為我們提供了一種有趣而戲劇性的宇宙終結可能性。

「火劫」一詞源自希臘語的 ekpyrotic，意為「大火」，指的是在這種情況下宇宙的熾熱起源和最終死亡。在標準的非火劫故事中，宇宙的起源包括一段我們在第二章所討論過的宇宙暴脹時期[2]。暴脹使得宇宙在最初的幾萬分之一秒內劇烈拉伸，而後造成這種暴脹的因素（我們稱之為暴脹子場〔inflaton field〕）[3]出現衰變，向宇宙中傾倒大量能量，導致了熱大霹靂的「熱」階段。而在火劫模型的原始版本中，早期宇宙因兩個相鄰 3D 膜的壯觀碰撞而被加熱，其中一個包含了後來成為我們整個宇宙的部分。碰撞後，兩個膜分道揚鑣，慢慢地在體上

2　原注：初稿理論經過大幅重新設計後仍然有用，這也適用於暴脹。儘管最初版本的暴脹被廣泛認為是神來一筆，但最後卻是徹底的失敗。它完全行不通，並在大約一年內被其他物理學家徹底改造。它的創始者做得最正確的，是提出了一類新的解決方案，點燃一系列創造性方法的煙火，最終使大霹靂理論成形。修改後的版本，我們有時稱之為「新暴脹」，成為我們今天廣為談論的暴脹基礎。

3　原注：因為我們喜歡給粒子及其相關場以「on」（子）結尾的命名。

分開並擴張。但它們會再回來。火劫場景是一種循環場景，宇宙的創造和毀滅一再發生。

就我個人而言，我發現如果你使用物理學家工具箱中最古老的工具——揮手（編注：Hand-waving，指使用言語或動作，來嘗試在沒有有效論據的情況下解釋或說服），那麼整件事就更有意義了。

你的左手是我們的三維膜：我們所生活的立體宇宙（顯然，這些都不是按比例的。畢竟，這只是在揮手）。你的右手是另一個「隱藏」的膜。[4] 首先，雙手貼合，五指併攏，呈現祈禱姿勢。這是宇宙創造的時刻。引發了元火的碰撞。此時，兩個膜都充滿了稠密的熱電漿，這是一個難以想像的熾熱煉獄，鑄造了第一個原子，在我們的膜上攜帶著嗡嗡作響的電漿波，我們稍後將看到它們呈現為宇宙微波背景光的波動。現在，慢慢將雙手分開，保持一小段距離，保持平行，然後張開手指。這些膜已經在更高維度的體上漂移開，每個膜中的空間都獨立地以自己的方式冷卻和膨脹。此模型中沒有暴脹階段，只有碰撞後的穩定膨脹。而且它們並沒有擴大到進入它們之間的體；它們在平行的膜中各自擴展。在我們的膜上，也就是你的左手，就是我們今天看到的宇宙。雖然我們無法感知到我們遠離另一個膜的運動，但隨著我們居住的 3D 空間的膨脹，我們確實看到星系沒入遠方，我們的宇宙變得越來越空虛，走向熱寂。我們不知道

---

4　原注：這些膜中的每一個，都在官方文獻中被命名為「世界終點」（end-of-the-world）膜，因為它位於空間的邊界之外。這似乎很貼切。

你的右手，即隱藏的膜上，發生了什麼事。也許那裡也有文明在看著自己的宇宙在穿越看不見的虛空，變得空虛。也許那是一個安靜而荒涼的地方，出於某種原因，物質從未學會將自己形成生命。也許它們有會說話的小狗。除非我們以某種方式從隱藏的膜中檢測到重力波訊號，否則我們可能永遠不會知道它的真實性質，或者它是否存在。

現在，讓你的雙手再次慢慢靠近，然後突然猛地合掌。在這種情況下，在膜漂移到最大距離並膨脹後，它們又被吸回來，然後再次彈開。那一合掌——回彈——摧毀了兩個膜上的一切，結束了我們的宇宙，並創造了新的大霹靂。兩個宇宙都回到了熾熱階段，成為滿是電漿的煉獄，一種混亂狀態，其重新誕生的空間中幾乎沒有或根本沒有殘存任何之前的痕跡。現在分開雙手，再次進行整個循環。再一遍，又一遍。膜世界[5]火劫宇宙是永恆災難性的宇宙鼓掌。

## 一遍又一遍

我們是否真的生活在一個膜世界上，以及是否存在更高維

5 原注：「膜世界」（braneworld）指的是具有更高維度且我們可觀測的宇宙存在於更大空間內的 3D 膜上的模型。這是一種多元宇宙，但通常人們談論多元宇宙時，指的是不同的東西，例如更大的（3D）空間，其中各區域中的物理定律可能不同，甚至是對量子力學的多世界（Many Worlds）解釋，那又完全是另一回事了。任何允許除我們可觀察到的宇宙之外更多現實存在的立論，都是一種多元宇宙理論。

度的體及其他膜，仍然是懸而未決的問題。不過，循環宇宙的整體思想仍具有一定的吸引力，因為它是暴脹極少數的合理替代方案，並且有可能複製其成功。[6]火劫模型和暴脹最終將如何成形尚待確定——最新的火劫模型根本不需要膜，而現在某些版本的暴脹卻需要。火劫模型和暴脹之間的巨大區別在於，暴脹透過在早期宇宙中引入一段快速膨脹時期來解決許多宇宙學問題，而火劫模型則透過在回彈之前的**緩慢收縮**來解決這個問題。就膜世界模型而言，這就是膜聚攏的階段。就像暴脹一樣，火劫模型可能與我們今天在宇宙中看到的物質分布相容，並且可以潛在地解釋為什麼我們的宇宙看起來如此非常均勻和平坦（也就是它沒有向後彎曲或具有其他複雜的大型幾何形狀）。如果膜在回彈之前是巨大且平行的，那麼就能解釋為何一切都均勻地那麼奇怪了——這意味著爆炸可以同時以相同方式在任何地方發生，只有一些輕微的量子漲落增加了必要的光點，成為密度較高的區域，之後成長為星系、星系團以及整個宇宙結構。

然而，與暴脹一樣，火劫模型的許多理論細節仍在研究中。最大的問題是，回彈期間到底發生了什麼事。是否出現了真正的奇點？或者是在未達到最終最大密度的情況下回彈，從而允許某種訊息在事件中倖存下來並傳遞到下一個週期？此模型的最新版本幾乎沒有收縮，因此不會出現奇點之類的情況。

6　原注：我在這裡或多或少地交替使用「循環」和「回彈」，但回彈模型不一定是循環的，因為可能只有一次「回彈」——從過去某個長期存在的大霹靂前階段，過渡到當前宇宙，然後它會自行消亡，而不會產生新的宇宙。

這個模型中的收縮不是使用膜之間的碰撞，而是由純量場（scalar field）驅動，類似於希格斯場，或者（可能）類似於我們認為會導致暴脹的東西。此模型確實提供了資訊可能在週期之間傳遞的誘人可能性，原則上我們有一天可以看到這方面的證據。

這裡又要談到觀察證據的問題。由於火劫模型和暴脹，都是為了解決相同的宇宙學問題而設計的，因此可能需要一點創意才能確認或排除其中之一。到目前為止，我們在宇宙中看到的一切似乎都符合標準的暴脹模式，但仍未看到確鑿的證據，也沒有看到任何可以證明或否定火劫模式的東西。關於循環模型**在理論上**是否比暴脹更有吸引力，科學家多年來始終爭論不休，但從觀察角度來看，一切仍懸而未決。如果有能充分定論的資料，將會有莫大的助益。

最有希望的可能是找到**原始重力波**（primordial gravitational waves）的證據：空間中的大規模漣漪，不是源自合併的黑洞或中子星，而是源自暴脹時代的巨變，當時暴脹場中量子的擺動，奠定了宇宙結構的第一批種子。如果能找到的話，那將是關於暴脹我們所能找到最接近確鑿的證據。2014 年，宇宙學界一度引燃興奮之情，因為一項名為 BICEP2[7] 實驗的主導者，宣布他們已經看到了這項證據。透過觀察宇宙微波背景光的偏振，他們看到了似乎是扭曲的圖案，這些圖案只能來自原始火時代扭

7 原注：宇宙銀河系外偏振背景成像（Background Imaging of Cosmic Extragalactic Polarization）實驗的第二次迭代。

曲空間的重力波。這些圖案被視為革命性的發現，幾乎保證能拿諾貝爾獎。畢竟，就算撇開對暴脹的意義，它們也是對重力波的可靠觀測（比雷射干涉重力波天文台看到它的第一個黑洞碰撞早了一年多），**而且**，由於與量子擺動的聯繫，它們會是重力波量子性質方面的第一個證據。

問題是，它們並不是。

幾個月後，BICEP2 團隊之外的物理學家和天文學家獨立分析了資料，發現這種圖案完全可以用更平凡的東西來解釋：我們銀河系中的普通宇宙塵埃。如果原始重力波**確實**被發現，將成為反駁火劫模型的證據，因為火劫模型不包括可能產生原始重力波的暴脹宇宙震。不幸的是，原始重力波的未被發現讓我們回到了原點。雖然暴脹理論認為原初重力波必然產生，但理論中卻沒有任何一處指出重力波可以被偵測到。最受歡迎的暴脹模型的確說會有大量的重力波，但它們所產生的信號完全有可能因為太弱，而無法敵過宇宙塵埃的混淆。[8] 所以這些擋路的塵埃不能證明暴脹信號不存在，當然也不能證明其存在。

儘管如此，我們還是可以從其他來源獲得線索。在尋找額外維度的過程中，我們可能會找到支持或反對膜世界的證據，或者我們最終可能會得到有關原始重力波的線索。即使是普通的重力波也可以提供線索，或許是呈現穿過體的信號（無論是否

8　原注：嚴格來說，根據模型的不同，火劫宇宙在慢收縮階段的確會有一些微乎其微的原始重力波。但實在太微弱了，根本不可能觀測到。

來自跨維度外星人）[9]，又或者是讓我們透過觀察其如何擺動，來繪製時空結構。根據一些研究，來自黑洞碰撞的資料已經讓「重力洩漏到高維度空間」的理論滅了一些氣焰。到目前為止，我們所有的測量結果，都與一個只有三個空間維度的普通而無聊的宇宙一致。

無論是否能找到額外的維度，循環宇宙都會持續作為暴脹的一個有吸引力的替代方案。原因之一是熵問題，即宇宙中不斷增加、最終導致熱寂的無序性。我們可以計算可觀測宇宙中的熵量，也可以回顧宇宙歷史來確定，如果熵在宇宙的整個生命週期中一直在穩定增加，那麼早期的熵應該是多少。結果是，我們自己的宇宙歷史開始時，宇宙一定是從一個令人震驚的低熵（高度有序）狀態開始的。對許多宇宙學家來說，這是一個非常不舒服的想法。為什麼一開始熵就設定得這麼低？就好像你走進一個你確信之前從未有人進入的房間，卻發現地板上躺著一列又一列交疊的骨牌，就好像它們才剛按順序倒塌一樣。它們怎麼會一開始就安排得如此有序？

某些循環和回彈模型的一個主要優勢是，它們有機會將低初始熵歸因於回彈之前發生的事情。由斯坦哈特（Paul Steinhardt）和伊賈斯（Anna Ijjas）共同開發的火劫模型最新版本，實際上取回彈前宇宙一小塊的所有熵，將其設為今日整個可觀

9　原注：文獻討論過隱藏膜上可能存在物質的想法，但據我所知，檢測整個體上的黑洞碰撞還沒有人討論過。也許對於一項嚴肅的研究來說，這需要太多層次的推測。但我覺得這聽起來很有趣。

測宇宙的初始熵，以此解釋早期宇宙的低熵。

這個新模型（非常新，是在本書寫作期間提出的）比起舊版本的火劫場景有一些顯著的優勢。特別是，它不需要額外的空間維度或反彈奇點。事實上，收縮可能相當溫和——宇宙尺寸的縮減可能低至兩倍。細節（顯然）很複雜，但基本概念是，真正循環的是宇宙中各種成分的混合，以及觀察者感知其演化的方式。如前所述，驅動收縮／回彈的是充斥於宇宙中的純量場，而不是膜碰撞。

如果這個新的循環模型描述了我們的宇宙，那麼在遙遠的未來，我們將開始看到遙遠的星系停止膨脹，並慢慢轉為朝我們而來。一開始看起來很像大崩墜的早期階段，背景輻射開始從「冷」升溫到「這不太冷」，因為宇宙變得稍微擁擠了一些。但正當我們開始認為也許我們應該擔心時，突然之間，我們突兀而壯觀地被消滅了，因為純量場猛烈地將能量轉化為輻射，開啟了宇宙的下一個大霹靂週期。

有趣的是，這個剛出爐的全新火劫模型與舊模型的共同點是，異常重力波可能是某種宇宙間訊號。舊版本認為有些重力波可以從另一個膜穿過體而來。在這個過程中，由於宇宙在回彈過程中永遠不會真正變小，重力波可能會從一個週期傳遞到下一個週期。這些訊號很難找到，但如果它們存在，就可以向我們提供有關我們之前的宇宙的線索。

留心太空。

✢ ✢ ✢

當然，火劫模型不是為我們的宇宙步伐帶來一些回彈的唯一方法。

彭羅斯（Roger Penrose）是現代宇宙學的早期先驅，他從根本上改變了我們看待宇宙重力的方式，他提出了一套循環宇宙概念，說我們的大霹靂誕生自前一循環的熱寂，其中涉及將一個宇宙遙遠的未來時空，和另一個宇宙開始時的奇點拼湊在一起。幾十年來，彭羅斯一直是宇宙學領域最響亮的聲音，直指標準早期宇宙情景中熵問題的嚴重性。而且他認為暴脹**不能**解決問題。他最近告訴我，「我第一次聽說這個時，我心想，嗯，這個理論撐不過一星期。」

彭羅斯的替代模型稱為「共形循環宇宙學」（Conformal Cyclic Cosmology），其中假設了熵在奇點附近的作用不同。如果這個猜想是正確的，那就意味著在循環之間的交界處，也就是我們的宇宙開始之處，熵會非常低，而且不需要暴脹。彭羅斯的模型還包含一個有趣的可能性，即過去循環中發生的事件印記，可能會出現在天文觀測中，呈現為宇宙微波背景中的特徵。事實上，彭羅斯和他的合作者聲稱，這些特徵的證據已經可以在資料中看到，儘管這點遭到懷疑。這些可能的宇宙微波背景暗示，是否有一天會被視為大霹靂前宇宙的一個令人信服的跡象，仍有待判定。

在此同時，火劫模型的共同開發者圖羅克卻轉換了焦點，投入一個全新的宇宙模型，其中大霹靂只是一個過渡點。這項假設由博伊爾（Latham Boyle）、圖羅克和曾是他們學生的芬恩（Kieran Finn）提出，將源自粒子物理學中的對稱性論證提升到宇宙層次；它指出，我們的宇宙和時間反轉版本的宇宙在大霹靂時相遇，就像兩個錐體的尖端互觸一樣。在最近的一篇論文中，他們將這幅景象描述為「一對宇宙與反宇宙，無中生有」。這有可能錐尖奇點對熵問題有一套自己的解決方案，儘管模型及其細節（在本書撰寫時）仍在開發中。即使如此，它還是對暗物質的性質做出了一些具體的預測，因此可能可以透過即將進行的實驗進行測試。

那我們接下來該往哪裡走呢？大霹靂是獨一無二的，還是只是一個劇烈的過渡點？我們宇宙的存在，會因為另一個宇宙像高維蒼蠅拍一樣落在我們身上，而大幅縮短壽命嗎？來自宇宙學或粒子物理學的資料，會揭示時空的真實本質嗎？我們距離瞭解遙遠的宇宙未來還有多遠？我們需要哪些新資訊，才能徹底回答這個問題？

一切將如何結束？

就像科學中的一切一樣，我們對宇宙的理解是一個不斷進步的過程。但在過去的幾十年裡，這種進步是非凡的，新的見解迅速湧現。在未來幾年裡，人類將獲得新的工具，這些工具將使我們對宇宙歷史有前所未有的瞭解，使我們能夠拼湊出我們起源的故事，並打開瞭解大霹靂、暗物質、暗能量和暗物質的新窗戶。在**這個**故事的最後一章中，我們將一窺這些新工具可能向我們展示什麼，以及物理學前沿的工作，如何已指向一個遠比我們想像的更加奇怪的宇宙。

# 第八章
# 未來的未來

沙漏有多大？

沙有多深？

我不該奢望知道，但我站在這裡。

——赫齊爾（Hozier），〈無計畫〉（No Plan）

1969年，里斯（Martin Rees）還不是皇家天文學家拉德洛男爵里斯勳爵。當時他在劍橋大學的讀博士後宇宙學，思索關於一切的終結，他發表了一篇題為〈宇宙的崩潰：一項末世論研究〉（The Collapse of the Universe: An Eschatological Study）的6頁論文，他後來形容這篇論文「相當有趣」。里斯在引言中表明，雖然觀測證據仍不確定，但暗指「宇宙確實注定要崩潰，而在這種毀滅性的壓縮過程中，宇宙場景的所有結構特徵都將被破壞」。對里斯而言，這篇論文有趣的部分原因在於根據計算，在即將到來的崩潰中，所有恆星都將被周圍的輻射從外到內摧毀。沒人不喜歡想像星星著火吧？

儘管里斯的論點偏向大崩墜，但數十年來的數據仍然模稜兩可。宇宙是封閉的（塌縮）還是開放的（永遠膨脹）？1979年，普林斯頓高等研究院的戴森（Freeman Dyson）決定探索該論點的另一面，他說：「我不會詳細討論封閉的宇宙，因為想像我們的整個宇宙困在一個箱子裡，會給我一種幽閉恐懼症的感覺。」開放宇宙模型是一個令人愉快的寬敞替代方案。在他的論文〈沒有盡頭的時間：開放宇宙中的物理和生物學〉（Time Without End: Physics and Biology in an Open Universe）中，他對開放宇宙對人類可能意味著什麼做了量性預測，找出讓未來人類也許能透過調節活動並進入休眠，來避免無知無覺地陷入無盡的未來，而整個宇宙卻在身旁瓦解的方法。[1] 雖然那篇論文的大部分內容都是計算和理論討論，引言中的措辭卻頗尖銳，直指物理學的主流言論不公平地蔑視研究宇宙末日的努力。他寫道：「對遙遠未來的研究，在今天似乎仍像三十年前對遙遠過去的研究一樣聲名狼藉。」並指出涉及這一主題的嚴肅論文少得可憐。[2] 接著他發出宇宙號召：「如果我們對長遠未來的分析，導

1 原注：不幸的是，唯一能允許這種情況的開放宇宙模型，是沒有宇宙學數的模型，因此即使是這一微小的希望火花，似乎也被當前的數據撲滅了。

2 原注：令人驚訝的是，戴森本人從未提交過這篇論文。這篇論文是由一位朋友代他提交給《現代物理學評論》的，且事前並未徵得他的許可。戴森最近告訴我，「我不覺得那能出版，」因為它不適合該期刊。「這事情見仁見智，」他補充道。

致我們提出與生命的終極意義和目的有關的問題，那就讓我們大膽、毫不尷尬地審視這些問題。」

我不敢說在那之後，宇宙末世論終於作為一門學科獲得了應有的尊重。在物理學文獻中，像研究我們的起源一樣嚴格而深入地研究我們最終命運的論文，仍然相當罕見。但對時間軸兩端的研究，卻開始以不同的方式幫助我們檢驗物理理論的原理。除了可能為我們的未來或過去提供洞見之外，還幫助我們理解現實本身的基本本質。

「透過思考宇宙的終結，就像思考它的開始一樣，你可以加深自己對現在正在發生的事情的思考，以及如何推論。我覺得基礎物理學中的外推法非常重要，」倫敦大學學院的宇宙學家佩里斯（Hiranya Peiris）這麼說。2003 年，她領導的團隊利用威爾金森微波異向性探測器（Wilkinson Microwave Anisotropy Probe，WMAP）衛星，解釋了宇宙微波背景的第一個詳細視圖。從那時起，她就一直屹立在觀測宇宙學的前線。近年來，她著眼於使用觀測數據、模擬和桌面模擬，來測試早期和晚期宇宙物理學的一些關鍵要素，例如宇宙暴脹中「泡沫宇宙」的產生，以及真空衰變背後的機制。在研究這些問題時，她的動機都是一樣的。「我知道（宇宙的）這個時期需要被瞭解。我們仍不清楚現在所做的研究能不能或如何能直接測繪這些時期，但我認為我們能透過這些工作學到一些基礎理論。」

我們當然還有很多東西要學。宇宙學和粒子物理學目前處於尷尬的境地；在某些方面來說，兩者都是自身成功的受害者。

在這兩個領域中，我們對世界都有非常精確和全面的描述，這些描述很成功，意思是沒發現任何與之相矛盾的東西。但缺點是，我們不知道它**為什麼**會是這樣。

宇宙學中的主導典範被稱為「一致模型」（Concordance Model），或 ΛCDM。在這個模型中，宇宙有四個基本組成部分：輻射、常規物質、暗物質（特別是「冷」暗物質〔cold dark matter〕，CDM）和宇宙常數形式的暗能量（在方程式中以希臘字母 lambda，Λ 表示）。所有這些成分的量都經過精確測量，而宇宙常數目前構成宇宙圓餅圖中最大的一塊。我們已經很瞭解，在宇宙膨脹的同時，這些項如何隨時間變化，我們也對非常早期的宇宙有令人驚訝的詳細描述，其中包括一段飛速膨脹的時期，稱為暴脹。我們還有一個久經考驗的重力理論，即愛因斯坦的廣義相對論，它在一致模型中被認為是完全正確的。在這個模型中，由於宇宙常數目前主導著宇宙演化，所以我們可以直接應用對重力和宇宙組成部分的理解，去推斷我們的宇宙演化。如此一來，我們在遙遠的未來無疑會陷入熱寂。就是這樣。

一致模型的問題在於，它最重要的元素——暗物質、宇宙常數和暴脹——完全是謎。我們不知道暗物質是什麼；我們不知道暴脹是如何發生的（或者它是否真的發生過）；我們沒有合理的解釋為什麼宇宙常數存在，或者為什麼它的值似乎與我們對粒子物理學的期望背道而馳。在此同時，我們還沒有在數據中發現任何與一致模型相矛盾的內容。沒有證據指出暗能量以某種方式演化（那會違背宇宙常數），沒有證據指出暗物質是可以透過實驗檢測到的東西（也沒有證據指出它不是），儘管經過一個世紀的實驗，仍沒有證據顯示重力有偏離愛因斯坦廣義相對論之外的行為。

佩里斯的同事兼合著者龐岑（Andrew Pontzen，也是我在劍橋的前同事）致力於研究暗物質理論，做了一些開創性工作，用以解釋為什麼暗物質在星系中呈現出這種形狀。他認為我們對宇宙學已經有很好的瞭解，意思是我們的數據與包含暗物質和暗能量的模型非常吻合，而且似乎不太可能有任何事情會突然改變這個狀態。我們知道外面有多少東西以及它們的行為。但反過來說，我們不知道如何將構成宇宙 95% 的暗物質或暗能量，與基礎物理學連結起來。「所以從這個意義上說，我們完全不瞭解，」他說。

同時，粒子物理學方面也陷入類似的困境。早在 1970 年代，物理學家就發展出粒子物理學的標準模型，以描述自然界中所有已知的粒子：構成質子和中子的夸克，中微子和電子等輕子及其近親，以及所謂的規範玻色子，它們充當粒子之間傳遞基本力（電磁力、強核力和弱核力）的中間人。儘管進行了一些細微的調整，例如將中微子從嚴格的無質量變為非常非常輕，但標準模型仍然非常成功，通過了每項實驗測試。它甚至預測了希格斯玻色子的存在——標準模型難題的最後一塊。從那以後的幾年裡，粒子實驗中沒有發現任何標準模型以外的東西。

你也許認為這會被譽為一種勝利。這個理論可行！一切都和我們預料的一樣！

為什麼我們不歇一歇，享受我們的輝煌和成功？

因為從某些方面來說，這是最糟的情況。儘管標準模型在匹配實驗結果方面非常出色，但我們知道它就像宇宙學中的一致模型一樣，必定仍然遺漏了一些非常重要的部分。除了對暗物質或暗能量一無所知外，它還存在一些主要的「調整問題」——模型中的參數必須設定得恰～到好處，否則一切都會崩潰。理想情況下，我們應該有一些理論架構，來告訴我們參數為什麼會是這樣。當我們發現必須將參數設定為該值的唯一原因是「否則不好的事情會發生在我們身上」，或者更糟的是「測量結果就是這樣」，這實在令人感到不安。

幾十年來，我們一直希望能夠從確認標準模型的重要層面，無縫過渡到找到其有效性的邊緣，並用我們能找到的任何模型來取代它，從而做出新的發現。1970 年代，有人提出了一種稱為「超對稱性」（supersymmetry，簡稱 SUSY）的模型，透過假設不同種類粒子之間新的數學關聯，並解釋標準模型及其參數令人困惑的結構，來解決標準模型的一些理論問題。它帶來一個誘人的承諾：在比當時對撞機所能達到的威力稍強一些的粒子碰撞之中，也許會產生一票全新粒子（標準模型組的「超對稱夥伴」）。SUSY 也被廣泛認為是通往弦理論的墊腳石，而弦理論是尋求將重力和量子力學整合為一個統一整體的主導思想。

不幸的是，儘管我們花了幾十年的時間改進和升級大型強子對撞機，我們仍然沒看到半點蛛絲馬跡指向超對稱模型所承諾的粒子。一些物理學家仍然對 SUSY 抱有希望，他們提出了一些調整來解釋新粒子如何更難以發現，但這些調整後來變得如此極端，以至於 SUSY 與標準模型一樣存在許多理論問題。而且，就是沒有任何跡象。有時候，數據的一些怪異之處會引發令人興奮的旋風，物理學家紛紛急於解釋為什麼特定探測器通道中的事件比預期多。但到目前為止，這些小光點都只是統計上的偶然，注定會在下一次資料發布時消失。

我和布萊克曼（Freya Blekman）談過當前的難題，她是一位實驗物理學家，在大型強子對撞機數據中尋找標準模型之外的特徵。「我已經在這個領域工作了二十年，經歷了不少激昂與沮喪，也看過許多流行一時的模型來來去去，」她說，「看你和誰談吧，有些人會感到幻滅……很長一段時間以來，人們一直告訴他們，應該能發現一些東西了。但實驗看到的只有標準模型。」但在她看來，這種幻滅搞錯了原因。不是因為人們錯過了其實存在的線索，而是因為從來就沒人能保證這些實驗一定會發現新東西。

儘管如此，缺乏來自實驗的指引還是很令人不安——足以讓一些研究人員完全脫離粒子物理學，進入宇宙學。其中一位是牛津大學的宇宙學家費雷拉（Pedro Ferreira），他在攻讀博士學位期間從量子重力轉向宇宙學，現在研究天文物理學中的宇宙微波背景和廣義相對論，希望它們能提供一些更好的見解。「自 1973 年以來，粒子理論還沒有做出任何革命性的事情來產生觀測結果，」他說。雖然已有很多新的理論想法出現，其中一些非常有吸引力，但如果沒有標準模型之外的明確實驗證據，就很難知道下一步該往哪裡走，或者各種提議中哪一個可能是正確的。「出現了很多很棒的東西。但我們解決了量子重力問題嗎？我不這麼認為。而且問題是，我們怎麼知道我們是否解決了這個問題？」

幸運的是，沒有人放棄希望。我曾與數十位宇宙學家和粒子物理學家討論過這整件事的發展方向（我所說的「這整件事」，指的是理論物理／宇宙學和實際的宇宙），雖然對於最佳方法眾說紛紜，但倒是有一些共同主題。一是多元化——無論我們決定投資什麼大型跨國實驗或觀察計畫，重點是要使我們的方法多樣化並提出一些想法，這些想法將為我們提供關於這些老問題的新視角（對理論派和數據派都是如此）。另一個重點是繼續盡可能獲取更多的新數據，並以各種可能的方式對其進行分析。

強生（Clifford V. Johnson）是南加州大學的理論物理學家，主要研究弦理論、黑洞、額外維度以及熵的微妙之處。他是我認識的人之中對純理論研究最深入的人，而且他對現在的數據感到**非常**興奮。「我的感覺是，我們可能缺乏一種好的單一想法，但我們並不缺乏大量的數據來源，」他說。「這讓我想起了前量子時期，對吧？」那時候理論蓬勃發展，關於原子和原子核的結構有許多半成形的想法，但沒有一個具有全然的說服力。「但我們就在那時得到了所有這些精彩的數據，最終開始成形。沒道理不能歷史重演吧。看看科學史就知道，向來就是這樣。」

所以讓我們來談談數據。在宇宙學和粒子物理學中，我們正在研究什麼以及如何研究。它可能透露什麼關於當今宇宙的物理學，以及未來這一切將如何結束的信息。然後，我們再轉向理論家那一邊。因為他們現在談論的一些想法，實在是非常瘋狂。

## 觸碰虛空

如果我們想瞭解有關宇宙遙遠未來的任何信息，我們最好先解決房間裡那頭巨大、看不見、不斷膨脹的殺人象——暗能量。當 1998 年發現宇宙加速膨脹時，新典範將我們直接置於暗能量主導的未來之路：宇宙將逐漸變得更空、更冷、更黑暗，直到所有結構衰變，到達最終的熱寂。但這只是一種推斷，其前提是暗能量是一個不變的宇宙常數。正如之前所討論的，如果導致宇宙加速的是幻影暗能量，或者它會隨時間而發生某種變化，那麼對宇宙的影響就會截然不同。

不幸的是，在觀察方面，暗能量並沒有給我們太多的線索。據我們所知，它是不可見的，在實驗室的實驗中無法檢測，完全均勻地分布在太空中，只有在比銀河系大得多的尺度上透過其間接影響，才能真正讓人注意到。

整體而言，我們可以衡量兩樣東西。第一個是宇宙的膨脹歷史，目前我們主要透過觀察非常遙遠的超新星，並計算出它們退離的速度來研究宇宙的膨脹歷史。另一個是結構形成的歷史，我們所說的「結構」通常指的是星系和星系團，因為如果你是宇宙學家，所有像恆星和行星這樣的小東西都只是煩人的細節。想衡量後者要稍微曲折一些，但也可以對大量數據進行創造性的利用。訣竅是在巨大的空間（以及一大片宇宙歷史）中，盡可能獲取最多星系的影像和光譜，並使用統計方法來推斷所有物質如何隨著時間聚集在一起。這兩種測量綜合之後，就可以告訴我們暗能量的空間拉伸特性如何影響宇宙整體，以及它阻礙物質聚集在一起並形成星系、星團和我們等事物的程度。

當你只靠衡量兩樣東西來判定**宇宙的整體命運**時，投入大量資金把這種衡量做到最好也就不足為奇了。過去幾十年來，人們對在科學案例中主打「暗能量」的新望遠鏡和探測的興趣激增。有些是針對如何善加利用膨脹和結構生長測量，以確定狀態參數 w 的暗能量方程式（在第五章中討論過）而設計的。如果 w 恰恰等於 -1，無論現在或過去，我們擁有同一個宇宙常數；如果有任何可測量的差異，我們就會得到很多諾貝爾獎。但即使你不關心暗能量，或者認同我們注定永遠局限於普通宇宙常數的悲觀觀點，暗能量調查仍會受各種天文學家的歡迎，因為它們兼負多功能的星系收集任務。

即將啟用的大型綜合巡天望遠鏡（Large Synoptic Survey Telescope，LSST），最近更名為魯賓天文台（Vera C. Rubin Observatory，VRO），就是一個很好的例子。VRO 位於智利一座沙漠高山上，是一座 8.4 公尺高的望遠鏡，它將拍攝數百萬顆超新星和 100 億個星系的影像，每隔幾天就會拼湊出整個南部天空的新影像。這種重複覆蓋對於超新星研究非常有用，因為它可以讓我們看到每顆超新星在爆炸可見的幾天內亮度的升降。但它對於研究星系也很有用，因為這意味著你可以把一夜又一夜拍攝下的影像疊加，看到比任何其他同類調查更暗淡、更遙遠的星系。

（岔題一下，我最近參加了一個關於行星防禦的會議，講者討論了我們需要做哪些觀測，才能發現可能與我們脆弱的行星相撞的潛在危險小行星。VRO 能革命性地提高我們盡早發現這些東西的能力，至少對南方天空這塊是如此，並因此提高找到方法阻止它們的機會。為試圖瞭解最終將毀滅宇宙的暗能量，我們反而有更高的勝算——在短許多的時間尺度上——拯救世界，想到這點就讓我忍不住一樂。）

無論還有什麼其他用途，VRO 的宇宙學價值說再多都不為過，因為擁有大量精細的數據，能大幅提高發現新的和令人驚訝的東西的機會。佩里斯表示，VRO 將改變局面。「我們將以一種與以前不同的方式觀看宇宙，」她說。「每當我們以前所未有的方式觀察宇宙時，我們都會學到新東西。」

VRO 並不是唯一一個令人興奮的新觀測計畫。還有大量其他新的望遠鏡和探測器即將出現，每個都準備以我們從未見過的方式向我們展示宇宙。其中最受期待的是一類新型太空望遠鏡，像是韋伯太空望遠鏡（James Webb Space Telescope，JWST）、歐幾里德（Euclid）和廣域紅外線巡天望遠鏡（Wide Field Infrared Survey Telescope，WFIRST），WFIRST 將利用紅外光拍攝深空影像和光譜，幫助我們看見極遙遠的星系，因為它們的光已經完全延伸到光譜的可見範圍之外。

甚至宇宙微波背景觀測站也加入了暗能量遊戲。我們在第二章看到，研究宇宙微波背景如何告訴我們早期宇宙和宇宙結構的起源。當宇宙微波背景光發出時，暗能量在宇宙中完全不重要，它的影響完全被物質的極端密度和輻射所掩蓋。因此宇宙微波背景觀測可以提供關於暗能量當今運作方式的線索，這一點可能會令人驚訝。關鍵在於，我們想要研究的所有宇宙結構——每個星系和星系團——都在我們和宇宙微波背景**之間**，而這些天體中的每一個，都會透過其重力稍微扭曲它所在的空間。

想像一下，你有一張快照，是俯視清澈池底的鵝卵石。即使你不知道每顆卵石的確切位置，也不知道它們的確切形狀，你也可以透過觀察卵石外觀的扭曲，來區分靜止的水和略帶漣漪的水，因為你知道鵝卵石通常該是什麼樣子。以類似的方式，因為我們對宇宙微波背景瞭解得非常清楚，所以至少在統計意義上，我們可以看到由於其間散落的所有物質，而導致宇宙微波背景光線的微小扭曲。這稱為「宇宙微波背景透鏡效應」（CMB lensing），是研究宇宙結構成長的絕佳工具。新的宇宙微波背景天文台將幫助我們完善該方法，而我們早已使用宇宙微波背景透鏡，繪製了**可觀測宇宙中所有暗物質**的地圖。誠然，這張地圖是一種解析度極低而模糊的地圖，就像一張用手指畫的、從記憶中再現的世界地圖，但還是很驚人，我們居然可以做到這樣。

多倫多大學的宇宙學家赫洛澤克（Renée Hložek）利用宇宙微波背景和星系巡天來瞭解我們的宇宙學模型，而她對暗能量和宇宙的最終命運特別感興趣。她指出，隨著每個數據集的改進，VRO 和新的宇宙微波背景觀測站之間的數據結合，將讓數據的威力變得格外強大。使用一種稱為互相關的技術，我們可以將我們所瞭解的星系目錄中單一天體的位置，與我們從宇宙微波背景透鏡效應所得知的最大規模物質分布進行比較。這可以為我們提供更精確的結果，使我們更難錯過任何與一致模型的偏差。赫洛澤克說，利用重力變化來模擬暗能量影響的替代理論在綜合數據中看起來會非常不同。「基本上，我想我們會把能藏的地方都查光。」

如果你有數十億個星系的影像，你還能看到什麼酷東西？其中一大看點是強烈的重力透鏡效應——星系或星系團扭曲其所在的空間，使來自正後方天體的光被分成多個影像，或圍繞它散開成光弧。想像一下透過空酒杯的底部觀察蠟燭——曲面的玻璃使光線散開成寬闊的弧形或圓形，你看到的不會只有一束火苗。重力透鏡效應也類似，各個影像沿著不同路徑穿過扭曲的空間。因此，舉例來說，如果一顆超新星在透鏡星系中爆炸，它可能會**先**出現在一張影像中，然後才出現在另一張影像中，因為構成第二張影像的光需要更長的路徑才能到達。

除了是一個絕佳的派對炫技之外，[3] 像這樣的時間延遲測量，為我們提供了一種測量宇宙膨脹率的新方法，因為所涉及的距離非常大，所以膨脹會成為計算中的重要因素。而我們迫切需要新的方法來衡量擴張率，因為目前的方法給了我們意想不到的不同答案。

---

3 原注：「看到那顆星星了嗎？那顆星星將在一年內爆炸。誤差正負四個月。只要看著，你就會看到。（改編自杜魯〔Treu〕等人，2016年《天文物理學雜誌》。）

也許你還記得第五章中提到，使用超新星測量膨脹率（也稱為哈伯常數）會給我們一個數字，透過宇宙微波背景測量又會給出另一個數字。許多其他測量方法都未能解決這一矛盾，最終我們通常會偏向某一方（最近的一項結果發現了介於兩者之間的情況，但卻是以兩邊都不符合的方式，根本無濟於事）。重力透鏡時間延遲測量，也許能解決這個問題。因為有了 VRO 以後，我們可運用的系統數量將從幾個大幅增加到數百個。雷射干涉重力波天文台（第七章中討論過）等儀器的重力波測量也可以提供一些線索，最終可能在未來十年左右，達到解決問題所需的準確度。

## 左視野的景色

我喜歡宇宙學的其中一個原因，在於它很需要創造性思考，試圖從一個全新的方向來研究宇宙物理學。當然不是完全的天馬行空、異想天開。你不能隨便編造一些東西，但你可以（而且必須）做的，是不斷尋找新方法來看待問題，從宇宙提供的任何數據中汲取出更多線索。

但當我們面臨「如何改進一致性宇宙學或標準模型？」這樣的難題時，這種創造性思維就變得特別重要。令人沮喪的是，到目前為止，我們所做的一切嘗試都與預測一致。如果我們無法讓目前的模型失靈，又該往哪裡找尋能指引我們建立新模型的線索呢？

強生很樂觀，他指出缺乏明確的研究方向可能對我們有利。「沒有一個東西可以讓我指著說『這就是未來！』」他這麼告訴我。「我是覺得，我們被迫去做多樣性的事情……這大概還挺健康的。」

所以，我們開始花招百出。有無線電勘測試圖照亮宇宙微波背景輻射時期和第一批恆星時期之間的宇宙黑暗時代，希望找出和宇宙一致性偏離的地方。還有新型重力波探測器，仰賴原子之間的量子干涉，結合脈衝星訊號等截然不同的技術。這些可能會以間接的方式，為我們帶來有關黑洞行為或早期宇宙物理學的資訊。試圖以新方法尋找暗物質的實驗，可能會告訴我們如何擴展粒子物理學的標準模型，或改變我們對宇宙學的想法。宇宙微波背景偏振的研究，也許能呈現宇宙膨脹的特徵，從而徹底改變我們對早期宇宙的理解。或者此類訊號的缺乏，可能也會促使人們對回彈宇宙學等暴脹替代方案進行更多研究。研究有關真空能量替代想法的實驗室實驗，可能最終會解決暗能量的問題，如果它確實不是宇宙常數的話。如果累積長達數十年的觀測，甚至有可能透過長時間盯著遙遠的光源來測得其遠離我們的表觀速度變化，從而**直接**測量宇宙的膨脹。

費雷拉也對這種方法的多樣性持樂觀態度。「我想這一切看起來可能都非常專業和瑣碎，」他說，但我們所需要的可能正是一大群人各自絞盡腦汁想出一些新的東西。「從這樣的爆發中，也許會有人想出一個點子。『噢！這樣就可以弄清楚未來了。』」

這樣的計畫需要多長時間，又是另一個問題。如果我們只是想區分宇宙常數和其他形式的暗能量，那麼我們其實可以研究到天荒地老，或許更久。現在完全沒有任何理論暗示，暗能量可以搶在我們自己的太陽之前，摧毀我們的星球。

但真空衰變就不同了。粒子物理的標準模型，就是通過了所有我們想得到的實驗測試的那個模型，使我們瀕臨宇宙全然不穩定的危險境地。這到底算不算實際風險，或更偏向不完整理論的瘋癲推斷，得看你問的是誰（鄭重聲明，我詢問了幾位專家，得到的答案從「這說明我們的理論是錯誤的」到「風險真的非常小」，再到「也許到目前為止我們只是很幸運」，就看你怎麼想了）。無論是哪一種，如果除了「用不著擔心，因為你不會感到任何痛苦」[4]之外，還希望能說點更令人安心的話，那就需要一個非常具體的數據。

幸好，我們大致清楚該如何取得這個數據了。

## 發現機器

地球上沒有任何一個地方比歐洲核子研究中心（CERN）更聲名狼藉地（儘管十分冤枉）與宇宙的毀滅扯上關係。CERN 最

4　原注：謝了，駐馬德里的理論家兼 CERN 科學助理埃斯皮諾薩（José Ramón Espinosa）。非常有幫助。

知名的就是它的大型強子對撞機，CERN 所在地是由實驗室和辦公大樓組成的龐大園區，佔地約6平方公里，在日內瓦附近，橫跨法瑞邊境。它本質上是一個奇怪而專業化的邊境小鎮，有自己的消防部門和郵局，還有實驗室、機械車間和貨真價實的反物質工廠。自 1950 年代以來，早在大型強子對撞機建成之前，CERN 的物理學家就一直在讓質子加速和撞擊，進行日益複雜敏感的實驗，透過亞原子粒子相互湮滅，來檢查它們的性質。這類實驗幫助我們創建了粒子物理的標準模型，然而五十多年的持續實驗，仍然未能在模型中找到任何能塞進新粒子的裂縫。

但 CERN 始終努力不懈。這不僅僅是因為撞擊這件事顯然非常有趣。

粒子對撞機的重中之重是能量。以更快的速度讓粒子對撞，意味著粒子最終是在更高的能量狀態下碰撞，而碰撞的能量越高，可能觸碰到的新物理範圍就越大。你可以將碰撞能量視為法定貨幣，可以透過 $E = mc^2$ 用粒子質量來交換。如果碰撞中的總能量高於你嘗試創造的粒子當量質量，那麼只要你的理論允許該粒子與撞在一起的粒子之間發生**任何**類型的相互作用，你就有機會創造該粒子。標準模型的擴展，傾向涉及比我們迄今為止檢測到的粒子重得多的粒子，這意味著我們需要達到還要更高的能量才能找到它們。但即使達到了正確的能量閾值，也需要多次創造粒子，才能獲得有意義且具有統計意義的訊號。大型強子對撞機運行數年、讓不知道多少兆個質子對撞，[5]才收集到足夠的數據，以可接受的確定性宣布希格斯玻色子已被發現。

正是這種對能源極限的不斷推進，導致 CERN 沾染上生存威脅的罵名。人們的想法是，如果人類以前從未見過如此多的能量集中在一處，**誰知道會發生什麼事**？其中一些擔憂還包括我們在前幾章中討論過的令人不安的場景，例如產生小黑洞或觸發災難性真空衰變。幸運的是，就目前我們討論過的災難場景而言，都無需擔心，因為與宇宙中發生在我們周圍的粒子毀滅暴力相比，大型強子對撞機根本不算什麼。但在某些特別憂煩的非物理學家心目中，並不是所有的擔憂都如此明確，或能如此輕易緩解，儘管大型強子對撞機已完全無害地運行了十多年。當我於 2019 年 2 月訪問 CERN 時，關於大型強子對撞機撕開通往另一個維度的門戶，或將宇宙轉移到「糟糕的時間線」的網路笑話，似乎一如既往地普遍。

CERN 的園區本身，大致上來說並不是一個特別令人印象深刻的地方。穿過富麗堂皇的公共接待大廳之後，你會覺得這裡像有點破舊的工業設施，混雜著低矮單調的 1960 年代建築，窗戶裝有深色金屬百葉窗。每座標著大大數字的建築，都有自己的實驗室或研究小組，辦公室則貼著臨時紙質名牌，以接應不斷變動的科學研究人員。在整個園區中，CERN 永久雇用的物理學家不到一百人，其餘的實驗室和辦公室，則由來自世界

5　原注：可能更接近 $10^{15}$，但我很討厭「千兆」這個詞。

各地的數千名訪問研究人員進駐，他們會在這裡待一週到幾年的時間，進行密集的現場研究，以確保大型實驗的運行。沿著這些建築昏暗的長廊行走，你可能會忘記自己身處世界上最著名的實驗設施中，還以為自己身在一所普通大學的物理系，一瞥而過的是研究生和博士後研究員敲著筆記型電腦，或在白板上寫下方程式和工作進度。

然而，當你看到這些實驗本身時，那種一切都很普通的錯覺很快就被永久打破。

我在 CERN 的訪問期間分為兩個極端。有時，我會安靜地坐在理論部二樓明亮的辦公室裡，閱讀論文，並在茶室休息一下，勾勒出方程式，並與其他理論家討論真空衰變和我自己對暗物質的研究。其他日子裡，我戴著安全帽，站在地下 100 公尺的金屬走道上，呆呆地看著一個 25 公尺高、裝備大量儀器的圓筒，一個複雜到難以想像的機械。CERN 的實驗，是人類有史以來最先進、最精確的機器之一，由數千人的團隊在數十年的時間裡設計和建造，目的是弄清楚微秒內衰變的粒子運動和能量的微小變化。同時，理論家試圖從可比較但抽象複雜的方程式中，提取這些實驗對空間和宇宙本身性質的影響。這是一個令人興奮的地方。

然而，它也是一個充斥官僚主義的地方，是一個受國際條約管轄、由二十三個不同國家組成的聯盟管理的研究所，同時接待來自地球各個角落的研究人員。對於規模和費用都如此巨大的研究來說，這種合作是必要的，但 CERN 結構造成的結果是，該設施和任何新實驗的未來不但要看科學考量，同時也也取決於國際政治。在我訪問的期間，自助餐廳內的熱門話題不是令人興奮的新實驗結果，而是一系列報紙社論的攻防，議論 CERN 提議建造所謂的「未來圓形對撞機」（Future Circular Collider，FCC）的優缺點。FCC 非常巨大，相較之下 27 公里長的大型強子對撞機將僅是一個預加速器，使質子達到可以開始在 FCC 中環行的速度。FCC 的能量可以達到 100 TeV，比大型強子對撞機目前可達到的能量高出約一個數量級。

正如布萊克曼在我訪問期間向我指出的，這些實驗需要數十年的時間才能建置，而當前實驗的數據也可能需要同樣長的時間來分析，因此現在就必須討論下一個實驗方向。我們透過大型強子對撞機及其即將進行的升級所獲得的數據，將需要十年甚至十五年的時間才能完全分析。「所以現在是做出決定的時候了，」布萊克曼說。「我們想要什麼？我們想要電子—正電子對撞機嗎？它應該是線性的嗎？應該是圓形的嗎？各自的優點和缺點又是什麼？我們要直接選擇更高能量的質子—質子機嗎？」

支持和反對未來對撞機的爭論，尤其是雄心勃勃的 FCC，可能會變得相當激烈。即使拋開成本（至少約 100 億歐元），關於更大的對撞機將發現新粒子的承諾（或缺乏承諾）的爭論仍然存在。也許我們正在尋找的難以捉摸的「新物理學」，只會在能量極高的情況下出現，即使像 FCC 這樣的巨型機器也沒有達成的希望。或者，僅僅將注意力放在增加能量上，反而可能讓我們完全走錯路，其實有一些關於新物理學的線索，隱藏在我們尚未探索的另一個領域當中，甚至可能在我們已經擁有的數據中。

我在 CERN 採訪的研究人員堅信，增加能量對於推動我們前進至關重要，即使只是為了更加理解標準模型。畢竟，它的確為我們帶來了真空衰變的烏雲。如果這把達摩克利斯之劍要懸在我們頭頂，能知道它懸在上面做什麼也不錯。

大衛（André David）是來自「緊湊渺子線圈」（Compact Muon Solenoid，CMS）合作的大型強子對撞機研究員，他招待我參觀這座探測器，指出回答這個問題是 FCC 和類似實驗的一個關鍵動機。「人們說『哦，我們應該選擇 100TeV 對撞機』的原因是，這樣你就真的有機會把這件事搞清楚。」

正如大衛所指出的，我們桌上已擺出了一幅未完成的拼圖：希格斯場的本質以及它（和我們）的命運。我們已獲得並正在分析的數據，可以開始更詳細地追蹤希格斯粒子的性質。有了新的對撞機以後，我們也許終於能回答，威脅引發真空衰變的不穩定性到底是怎麼一回事。

正如我們在第六章所討論的，希格斯位能是決定希格斯場如何演化的數學結構，對我們來說很重要的是，它是否會讓我們所有人走向滅亡。因此它確實可說是粒子物理學的聖杯。但以目前的理論，我們幾乎無從得知它的真面目。根據我們目前的理解，它的形狀敏感地取決於標準模型幾個難以計算的不同方面，而且是彼此競爭的影響。如果存在一些更高能量的理論，也許會完全改變局面。

我問過的一些研究人員，包括 CERN 理論家（兼超對稱的主要倡導者）埃利斯（John Ellis），猜測希格斯玻色子的明顯不穩定性並不是真正的生存威脅，而是一個跡象，代表理論中存在一些我們不理解的地方。

埃斯皮諾薩（José Ramón Espinosa）是研究真空衰變的理論家，他希望能找到更好的方法，弄清楚希格斯玻色子位能，以及我們處於穩定邊緣的不穩定位置可能意味著什麼，而不僅是等待真真空氣泡的出現。[6]「沒道理這個位能會是這樣，」他說。「我們生活在這個非常非常特別的地方。所以對我來說這挺有趣的；也許這是想告訴我們一些事情。」釐清希格斯位能的關鍵，最終取決於所謂的**運行耦合**（running couplings）——粒子和場之間的相互作用，以及它們如何隨著高能量碰撞而變化。「如果我們沒有發現其他任何東西，可能也是大型強子對撞機帶來的主要訊息之一，」埃斯皮諾薩說，「當然，如果大型強子對撞機發現了新的物理現象，那麼極有可能會干擾運行耦合。那麼任何事情都可能發生。也許位能是穩定的，也許更不穩定。我們不知道。」

除了決定宇宙命運的小（但重要！）部分之外，更瞭解希格斯位能還可以告訴我們質量的原理，或者為什麼基本力會隨著

6　原注：埃斯皮諾薩指出，這種方法尤其不可取，因為它「不會教我們任何東西，因為我們甚至無法知道它即將到來。」

我們測量的強度而顯現。它甚至可以指明統一基本力的理論之路，或幫助我們瞭解量子重力。

如果觀察或實驗能提供改進宇宙一致性或標準模型的線索，那將會非常有幫助。因為從純粹的理論角度來看，事情變得越來越古怪了。

## 透過暗玻璃

我最近看到一張黑白老照片，是諾貝爾獎得主兼量子力學先驅狄拉克（Paul Dirac）站在普林斯頓高等研究院的操場上，肩上扛著一把斧頭的照片。從 1930 年代到 1970 年代，他多次到該研究所擔任訪問學者，他經常在研究所後面的樹林裡漫步，並在林中為常駐理論家開闢新的道路，讓他們可以漫步，談論和思考現實的本質。帶領我走過這些泥濘小路的嚮導，是阿卡尼—哈米德（Nima Arkani-Hamed），感覺他很適合擔任這個角色，因為這位理論家也決心要對我們目前對量子力學的理解，以及整個時空本身的概念來個大刀闊斧。

阿卡尼—哈米德一直在研究使用全新框架計算粒子之間相互作用的方法，從一種嚴格來說不包括空間和時間的抽象數學系統開始。這項研究仍處於早期階段，到目前為止較適用於某些理想化的系統而不是實驗結果。但如果成功的話，其影響將是極度令人振奮的。「我們目前看到的只是兒童、嬰兒、超級小兒科等級的練習範例，對嗎？對目前的成果，你想在它之前加上再多的指小詞（diminutives）[7] 都合理，我完全能理解，」他告訴我，「但無論如何，已經開始出現一兩個在實際物理系統，與我們在現實世界中看到的相距不遠，而且我們也可以弄清楚如何在沒有時空或量子力學的情況下描述它們。」我告訴他，我正在努力理解生活在一個空間和時間都不真實的宇宙中意味著什麼。他笑了。「彼此彼此。」

在你把這個想法當成古怪理論家的高談闊論之前，我應該指出，阿卡尼─哈米德並不是唯一一個這麼說的人。「你一定聽過很多人這麼說了，」幾個月後，強生漫不經心地對我說，「但我認為我們真正更加意識到的，是我們長期以來在弦理論中所說的一件事，那就是時空不是基本的。」

噢，對了。那個小細節，當然了。

強生對這個問題的處理方式有點不同。量子重力理論中有一些有趣的暗示，顯示小尺度和大尺度的物理之間存在意想不到的聯繫，而這些聯繫在我們通常對時空如何運作的思考中是不合理的。一個簡化的解釋可能是，如果你想像在一個半徑為 R 的假設空間中進行實驗，那麼該實驗的結果將看起來與在小上許多的空間中進行相同實驗的結果完全相同，而小空間的半徑相當於 1 除以 R。在弦理論中這叫做 T 對偶（T-duality），這麼奇怪的巧合，就好像是在說它一**定**藏著某些深層意義。「如

7　譯注：指小詞又稱小稱詞，是用來表達小的、年輕的、或親暱的詞彙屈折變化。如小孩變為小孩「子」，鳥變為鳥「兒」。

果你問人們這個問題，」強生說，「他們給出的答案是，從某種意義上說這些都不是真的。意思是，一旦破壞大與小，其實你第一個破壞的就是時空。」

一些理論家試圖讓我放心。加州理工學院的宇宙學家卡羅爾最近對量子力學的根基很感興趣，他認為「認定時空不是嚴格真實的」是有點輕率了。「這是**真的**，但不是**根本**的，」他告訴我。「就像這張桌子是真實的，但不是根本的一樣。這是更高層次的浮現（emergent）描述。但這並不代表著它不是真實的。」基本上，我們不應該太糾結這個問題，因為時空並非不存在，只是如果我們真正理解它是由什麼組成的，從更深的層次來看，它看起來完全就像其他東西。

事實上，這並不能讓我放心。[8] 作為一名物理學家，當涉及到我的學科時，我總是試圖保持一定程度的冷靜，但時空的真實性僅在它是我們可以談論和坐在上面的東西，而不是組成宇宙的**確實成分**，還是讓我覺得它隨時可能在我腳下崩潰。

這是否與宇宙如何或何時終結有關，仍然是一個懸而未決的問題。無論時空有多真實或不真實，我們都生活在其中，時空發生的事件必然會影響我們。但如果思考作為浮現的時空、或時空在量子力學的新表述，能讓我們得到一些更深層的基礎理論，那它也可能會徹底改變我們的前景。也許，正如強生所

8 原注：卡羅爾向我指出的另一件事是，如果他對量子力學的解釋是正確的，那麼平行宇宙中就有無數的我們的副本此刻正毀於真空衰變。所以，在談存在危機時找他給建議可能不是個好主意。

說，大尺度和小尺度之間的聯繫，可能暗示著宇宙的新命運。或者，如果我們能夠改寫量子力學，也許終將找到暗能量的解釋。根據阿卡尼—哈米德的說法，即使我們以宇宙常數和熱寂的未來結案，我們仍需在理論方面做出重大轉變，才能夠討論量子漲落屆時可能會做什麼，就是波茲曼大腦或龐加萊復現那種。「在我看來，不太可能所有這些事情都能在量子力學的框架內得到解釋和瞭解，」他說，「我認為我們需要量子力學的一些擴展來幫助我們討論。」

我們宇宙的本質存在究竟是否有個解釋，也是一個懸而未決的問題。在過去十年左右，物理學家一直在努力解決概念**地景**（landscape）的問題——一個由不同可能空間組成的理論多元宇宙，這些空間的條件可能與我們自己的條件截然不同。如果這樣的地景確實存在，則可能意味著我們居住空間的屬性僅僅是特定環境的，而不是由我們尚未發現的某些深層原理決定的。這種多元宇宙可能是由於某些版本的暴脹而產生，其中新的泡沫宇宙從某些永恆預先存在的空間中永遠暴脹出來。「我們是世界上獨一無二解決方案的想法，我覺得不太對，」阿卡尼—哈米德說。「但另一方面，當你試圖理解地景和永恆的暴脹以及所有這些東西時，它又混亂到讓我認為整個問題的概念從一開始就是錯的。」即使有了可能宇宙的地景，基本問題仍然存在。「關於如何將量子力學應用於宇宙學的這些問題，幾乎從零天開始就存在。它們並不新鮮。五十年前，這些問題就非常困難；現在仍然非常困難。」

「我始終堅信，我們應該做的其實是原路折回。」宇宙學理論家圖羅克說，這位宇宙論理論家一直在尋找宇宙暴脹的替代方案，並擔任加拿大圓周理論物理研究所所長（Perimeter Institute for Theoretical Physics）多年。「回過頭去，倒回五十年前，然後說，『各位，我們是在沙上建築。』」

## 放眼未來

天文生物學中有一個著名的方程式，稱為德雷克方程式（Drake Equation）。理論上，這是一種計算銀河系中我們也許可以與之溝通的文明數量的方法。做法是輸入恆星的數量，然後是有行星的恆星比例，有生命的行星比例，以及有**智慧**生命的比例等等，最後就會得出你預期可在你的星際語音信箱中收到的訊息數量。當然，至少在當前數據下，其中許多輸入的數字完全是無法確定的，這意味著最終答案不具意義。德雷克方程式的有用之處在於，它讓我們思考關於外星生命的**假設**，並弄清楚我們對整個問題的瞭解和不瞭解之處。

與佩里斯交談時，我突然想到，思考我們最終的宇宙毀滅可能也是如此。我對她說，也許我們所做的計算最終數字為何並不重要，但計算本身很重要。「數字並不重要，」她表示同意，「但我認為，思考面前可能有的不同選項，是很好的思維鍛鍊。」這個思想實驗可能終將獲得回報。「這也許能帶來一些很酷的方法來測試假設，而無需等待 70 億年。」

**還要**等多久才能取得突破？我們不知道，也不可能知道。我們現在正在地圖邊緣探索。強生非常樂觀，他認為我們正朝著更好、更深入理解物理學的方向前進，但他也承認這一警告。「也許我們要花幾百年的時間收集所有數據，才能看到訊號，接著等我們回顧時才會意識到，哦，其實它一直擺在我們眼前。這是一個惱人的可能性。但對於我們試圖回答的這種大哉問，我覺得這樣沒有關係。何必強求一定要在人的一輩子中完成呢？」

在此同時，我們將繼續前進，在樹林中開闢新的道路，看看我們會發現裡面藏著什麼。總有一天，在遙遠未來的未知荒野深處，太陽將膨脹，地球將死亡，宇宙本身將走向終點。在那之前，我們可以探索整個宇宙，將我們的創造力發揮到極限，尋找新方法去瞭解我們的宇宙家園。我們可以學習和創造非凡的事物，而且我們可以互相分享。只要我們是有思想的生物，我們就永遠不會停止問：「然後呢？」

# 後記

「但是，如果我們在這裡所做的一切都無法保證長存，如果即使是最好的作態，也幾乎不可能在我們走後留下，那麼還有什麼理由不乾脆放棄呢？」

「理由太多了，」拉德說，「我們在這裡，我們還活著。這是一個美麗的夜晚，最後一個完美的夏日。」

——雷諾茲（Alastair Reynolds），《推冰》（*Pushing Ice*）

里斯不打算建造大教堂。

6 月一個陽光明媚的早晨，我們坐在他位於劍橋大學天文研究所的辦公室裡，他告訴我，我們所認知的人類將會被遺忘。「在中世紀，大教堂的建造者樂於建造在他們死後仍屹立的大教堂，因為他們認為子孫會欣賞它，會過著像他們一樣的生活。但我認為我們沒有這種奢望。」里斯對遙遠未來的猜測並不陌生，他寫過一些關於人類未來的書籍，以及我們可能意外毀滅自己的各種不同方式。他認為，從文化和技術意義上來說，演化的速度太快，無論未來幾百年或幾千年的主導智慧是什麼，我們都無法預測它會是什麼樣子。但我們可以確定它不會關心我們。「我認為，與我們的祖先相比，想要留下百年遺澤，現在更像是癡人說夢，」他說。

「你會因此難過嗎？」我問他。

「非常難過，但世界為什麼非得要是我們想要的樣子？」

只有接受了宇宙終結對人類意味著什麼，你才有可能去認真思索宇宙的終結。就算你認為里斯的觀點過於悲觀，但或早或晚，在有限的範圍內，我們作為一個物種的流風遺澤總有一天會……結束。無論我們用留下些什麼，來說服自己與個人的死亡和平相處（也許我們留下了孩子，或者偉大的作品，或者以某種方式讓世界變得更美好），這些都無法在萬物的最終毀滅中留存下來。在某一刻，從宇宙的角度來看，我們是否曾經存在過並不重要。宇宙很可能會變成一個寒冷、黑暗、空曠的宇宙，而我們所做的一切都將被徹底遺忘。這置我們於何地？

佩里斯用一個詞來總結：「悲傷」。

「這非常令人沮喪，」她說。「沒有別的話好說了。我要是在演講中提到這可能是宇宙的命運，聽眾都會落淚。」

但這個命運確實激發了一些觀點選擇。「對我來說非常有趣的是，宇宙已經產生了一個非常有趣的時期，發生了很多事情，」她說。「然而，我們似乎面臨著更長時間的完全黑暗和寒冷。太可怕了。事實上，從這個角度來看，我覺得宇宙學在這幾年才第一次知道這些事是非常幸運的。」

「這讓我短暫地感到悲傷，」龐岑贊同道，「然後我很快就開始擔心我們現在在地球上的問題，並想『得了』，我們現在面臨的麻煩，比宇宙熱寂更嚴重。所以我想這讓我開始思考，我們作為一個文明，在短上許多的時間尺度內所面臨的問題。如果我非得要擔心些什麼的話，那也該是這些，而不是熱寂。」

「我想，我對宇宙的死亡並沒有真正的感觸，」龐岑繼續說，「但我對地球的死亡很有感觸。我不介意我會在五十年或多久後死去，但我不希望地球在五十年後死亡。」

我對這種觀點深有同感。就我們實際上應該擔心的事情而言，熱寂、真空衰變、大撕裂或其他什麼，都不可能在這個清單上名列前茅（即使拋開我們完全無能為力的事實）。作為生物，我們自然最關心自己的生活，以及在空間和時間上與我們親近者的生活，在大多數情況下，我們將遙不可及的宇宙未來拋諸腦後，任它物換星移。

但就我個人而言，我仍然覺得在某種情感意義上，「我們會永遠延續」和「我們不會」之間存在著巨大差異。阿卡尼—哈米德也有同樣的感覺。「在絕對、絕對的最深層次上……無論人們是否明確承認他們想過這個問題（如果他們沒有，那就更可憐了）……如果你認為生命有其目的，那麼至少我不知道要如何找到一個目的，是與超越我們個人生死的事物無關的，」他告訴我。「我認為很多人在某種程度上——無論是明確還是含蓄——之所以從事科學或藝術或其他事情，是因為你確實能夠從中超越。你觸摸到了永恆。那個詞，永恆：非常重要。它非常，非常，非常重要。」

戴森曾希望找到一種方法來永遠保存智慧生命。他 1979 年的論文提出了一種將某種智慧機器傳播到無限未來的方法，透過一種涉及不斷減慢處理和間歇性休眠的方案。不幸的是，這些計算是在宇宙膨脹不會加速的假設下進行的，而現在看來，它確實加速了。如果這種加速持續下去，戴森的計畫就無法奏效。「這會令人失望，」他承認，「我的意思是，你必須接受大自然所提供的一切。這就像接受我們的生命是有限的事實。事情沒有那麼悲慘。在很多很多方面，它讓宇宙變得更有趣。它總是演變成不同的東西。但萬物的生命週期都是有限的……也許這就是我們的命運。但當然，我更希望演化永遠持續下去。」

誰知道呢？也許從某種意義上來說確實如此。彭羅斯認為有更好的方法。過去十年，他一直在發展他的共形循環宇宙學，該理論假設宇宙從大霹靂到熱寂，一遍又一遍，永遠循環，並且有一種誘人的可能性，即某些東西——上一個循環的一些印記——可能會成功過渡。他說，傳遞的東西可能包含與有意識生物相關的有意義信息的想法，不過這目前仍純屬猜測，但這種可能性的影響可能是深遠的。「我並不是說我確實這麼認為，但在某些方面，我發現它不那麼令人沮喪……也許一個人死後，可以想像他會留下些什麼。」

或者多元宇宙地景的可能性也可以安慰我們。普里查德（Jonathan Pritchard）是倫敦帝國學院的宇宙學家，他的研究涉及從宇宙膨脹到星系演化的各個領域，他在這樣的想法中找到了希望：在其他一些遙遠且互不相連的區域，在我們化為餘熱很久之後，某些東西可能仍然存在。「在某個地方，有一個多元宇宙，那裡的世界還在延續，」他說。「從情感上來說，我喜歡這個想法。」

但**我們**還是會死，我說。

他面不改色。「這不光是為了我們。」

如果我們自己無緣加入永恆的多元宇宙派對，至少我們迫在眉睫的死亡對物理學來說是件好事。圖羅克指出，未來時間終結的前景，加上我們宇宙視界的存在，為宇宙設定了嚴格的界限，也為理解宇宙的問題設下有益的限制。穿過有限、膨脹、加速的宇宙的光波，只能經歷一定次數的振盪，即使進入無限的未來也是如此。「我們實際上生活在一個盒子裡，對吧？這是有限的。如果這是真的，我認為這值得歡迎，因為我們可以瞭解它。瞭解宇宙的問題會變得容易許多，因為它是有限的，」他說。「過去是有限的，因為視界，空間是有限的，未來也是有限的，因為一切都只會振盪有限的次數。哇！我的意思是，這是可以理解的。我天生就是一個樂觀主義者，我認為世界就是我們的寶藏。」

如果宇宙總要終結，不管是哪一種，我承認我們也只能接受。費雷拉在這一點上遠遠領先我。「我認為這很棒，」他說。

「多麼簡單、多麼乾淨啊。」

「我一直不明白為什麼人們對終結、對太陽和一切之死，感到如此沮喪，」他繼續說道。「我很喜歡那種寧靜。」

「所以你不介意，我們最終在宇宙中什麼也沒有留下，是嗎？」我問他。

「一點也不介意，」他說，「我非常喜歡我們的曇花一現……我覺得這很棒，」他繼續說道。「世事無常，重點是去做，是過程，是旅程。誰在乎能走到哪裡，對吧？」

我承認，我還是在乎的。我試著不過於牽掛，牽掛結局、牽掛最後一頁、牽掛這個偉大存在實驗的結束。**重點是旅程**，我一遍又一遍對自己說。重點是旅程。

也許我們能稍感安慰的是，無論發生什麼，都不是我們的錯。赫洛澤克認為這絕對是個加分項。

「我很高興，就算我百分之百完美地完成了我的工作，成為了不起的科學家，也絲毫不會改變宇宙的命運，」她說。「我們只是想要去瞭解。而且即使你確實瞭解了，也無法改變它。我認為這是一種自由，而不是恐懼。」

對赫洛澤克來說，熱寂並不令人沮喪或無聊。她稱之為「冷酷而美麗」。「就像是宇宙會自我了結一樣，」她說。

「我希望人們從你的書中瞭解到，人類有可能利用對光的觀察——或許還有重力波，但現在還是只談光好了——並透過相對簡單的數學，就對宇宙做出了不起的推論，」赫洛澤克說。「即使我們無法改變它，這種知識……就算這些知識會消失，就算人類滅絕，現在的知識也是了不起的。基本上，這就是我做現在這些事的原因。」

我想我懂她的意思。如果我無法分享或保留這些知識，我是否還想揭開宇宙的祕密？我當然想。這似乎很重要。「這樣做是有意義的，即使終將失去。」

「因為它改變了現在的你，對嗎？」她贊同道。「我很高興我們能夠生活在宇宙的這個時代中，我們可以看到暗能量而不被它撕裂。但這意味著重點是你理解它，然後你享受它，然後……『掰掰，謝謝你們的魚啦。』[1] 酷。」

酷。

1　譯注：科幻小說《銀河便車指南》（*The Hitchhiker's Guide to the Galaxy*）系列第四冊的書名，亦是書中的海豚在集體離開地球前留下的道別訊息。

# 致謝

我從來沒想過自己會成為作家，如今能有這點成就，要感謝的人實在多不勝數。我將嘗試在此列出其中的一小部分，但在過去幾年中，我從無數朋友和同事那裡得到的支持和建議，遠遠多於我所能回報的。如果您是這些人之一，無論您的名字是否出現在這裡，請接受我對您所做的一切的感謝，這本書也有您的功勞（希望您喜歡這本書！）。

當我開始著手寫這本書時，我只有一個模糊的想法：我可以寫一些文字，希望有一天有人會讀到。幸運的是，在整個過程中，我那耐心、專業、擅長鼓勵人的文學經紀人 Mollie Glick，以及 Scribner 熱情的書籍製作團隊，熟練地指導我。我要特別感謝 Daniel Loedel 的反饋和編輯，極大地完善和塑造了這份手稿，並感謝 Nan Graham 相信我有能力撰寫這份手稿。我也要感謝 Scribner 的 Sarah Goldberg、Rosaleen Mahorter、Abigail Novak 和 Zoey Cole，以及 Penguin UK 的 Casiana Ionita、

Etty Eastwood 和 Dahmicca Wright，他們在過去的幾個月裡孜孜不倦地工作，使本書得以出版。感謝 Nick James 為書中增添精美的插圖，並感謝 Laurel Tilton 和 Ana Gabela 的組織支持。

寫作過程中最大的樂趣，就是有藉口與大量傑出的物理學家和天文學家聯繫並談論科學，他們影響了我對宇宙的看法。我要感謝 Andy Albrecht、Nima Arkani-Hamed、Freya Blekman、Sean Carroll、André David、Freeman Dyson、Richard Easther、José Ramón Espinosa、Pedro Ferreira、Steven Gratton、Renée Hložek、 Andrew Jaffe、Clifford V. Johnson、Hiranya Peiris、Sterl Phinney、Roger Penrose、Andrew Pontzen、Jonathan Pritchard、Meredith Rawls、Martin Rees、Blake Sherwin、Paul Steinhardt、Andrea Thamm 和 Neil Turok 縱容我提出諸多問題。還要特別感謝上述幾位，以及 Adam Becker、Latham Boyle、Sébastien Carrassou、Brand Fortner、Hannalore Gerling-Dunsmore、Sarah Kendrew、Tod Lauer、Weikang Lin、Robert McNees、Toby Opferkuch 和 Raquel Riberio，主動提議幫我查看不同章節，並給我非常有幫助的回饋。無論手稿中仍然存在什麼錯誤（我敢說有很多錯誤），都源於我自己未能可靠地將上述所有人的大量集體智慧融會於紙頁之上。

雖然物理學家可能首當其衝地承受了我的技術疑問，但在過去兩年的大部分時間裡，我一直在無休止地騷擾我認識的每個人，向他們提出問題、問草稿、尋求建議、吐露焦慮，以及所有與書有關事物的普遍偏執。非常感謝朋友和家人的耐心，也感謝我認識的所有作者都向我提供他們對寫作和出版界的看法。感謝我的家人（尤其是我媽媽和姊姊珍妮佛），感謝她們始終鼓勵和支持我，容忍我在每次家庭聚會上大談科學和寫書的事。感謝 Mary Robinette Kowal 的寫作訣竅和標題建議；感謝 Doron Weber 支持我進入這個公共參與的新領域；感謝 Daniel Abraham、Dean Burnett、Monica Byrne、Brian Cox、Helen Czerski、Cory Doctorow、Brian Fitzpatrick、Ty Franck、Lisa Grossman、Robin Ince、Emily Lakdawalla、Zeeya Merali、Rosemary Mosco、Randall Munroe、Jennifer Ouellette、Sarah Parcak、Phil Plait、John Scalzi、Terry Virts、Anne Wheaton 和 Wil Wheaton，提供了非常有用的寫書建議；感謝 Charlotte Moore、Brian Malow 和 LA Nerd Brigade 無盡的鼓勵和創意激盪，感謝 Andrew Hozier Byrne 提供的靈感和一張殺手級原聲帶。

作為一名準終身教授，如果沒有北卡羅來納州立大學的支持，我根本不敢妄想開始這個計畫，學校創新的公共科學群領導力計畫，使我能夠開闢一條與公眾有所聯繫的學術道路。物理系和理學院給了我極大的支持，幫助我找到平衡作者、學者、導師和講師角色的方法。

為這本書所做的研究，使我有機會前往許多機構盤問其他物理學家同事，並對眾人齊心努力所為何來有了新的觀點。特別感謝 CERN、Institute for Advanced Study、Perimeter Institute、Aspen Center for Physics、Imperial College London、University College London、Kavli Institute for Cosmology at Cambridge 以及

Oxford’s Beecroft Institute 在我訪問期間的熱情接待。

最後，我要特別感謝位於 Hillsborough Street 的 Jubala Coffee 的優秀員工，這篇手稿的大部分內容都是在那裡完成的。你們的綠茶和燕麥片讓我活了過來。

# 關於作者

凱蒂・麥克是一位理論天文物理學家，致力於探索宇宙學中的種種問題，也就是從宇宙開始到終結的學科。她目前是北卡羅來納州立大學物理學助理教授，也是該校公共科學群領導力的成員。除了學術研究之外，她還是一位活躍的科學傳播者，曾在《科學美國人》、《石板》（*Slate*）、《天空與望遠鏡》（*Sky & Telescope*）、《時代》上發表文章，並在《宇宙雜誌》（*Cosmos Magazine*）擔任專欄作家。你可以在 Twitter 上找到她的帳號：@AstroKatie。

鷹之眼 25

# 萬物的終結

## 宇宙毀滅的 5 種方式

The End of Everything (Astrophysically Speaking)

作　　者　凱蒂・麥克 Katie Mack
譯　　者　蔡丹婷

總 編 輯　成怡夏
責任編輯　成怡夏
協力校對　陳宜蓁
行銷總監　蔡慧華
封面設計　莊謹銘
內頁排版　宸遠彩藝

出　　版　遠足文化事業股份有限公司 鷹出版
發　　行　遠足文化事業股份有限公司（讀書共和國出版集團）
231 新北市新店區民權路 108 之 2 號 9 樓
客服信箱　gusa0601@gmail.com
電　　話　02-22181417
傳　　真　02-86611891
客服專線　0800-221029

法律顧問　華洋法律事務所 蘇文生律師
印　　刷　成陽印刷股份有限公司

初　　版　2025 年 3 月
定　　價　480 元
I S B N　978-626-7255-75-9
978-626-7255-74-2 (EPUB)
978-626-7255-73-5 (PDF)

國家圖書館出版品預行編目 (CIP) 資料

萬物的終結 : 宇宙毀滅的 5 種方式 / 凱蒂 . 麥克 (Katie Mack) 作
; 蔡丹婷譯 . -- 初版 . -- 新北市 : 鷹出版 : 遠足文化事業股份
有限公司發行 , 2025.03
面 ; 14.8 × 21 公分 . -- ( 鷹之眼 ; 25)
譯自 : The end of everything : (astrophysically speaking)
ISBN 978-626-7255-75-9( 平裝 )

1. 天體物理學　　2. 宇宙

323.1　　114000190